国家自然科学基金项目（42071205）

城市形态

与交通出行碳排放

微观分析与动态模拟

URBAN FORM AND TRANSPORT CO_2 EMISSION

MICRO-LEVEL ANALYSIS AND DYNAMIC SIMULATION

马 静 / 著

社会科学文献出版社
SOCIAL SCIENCES ACADEMIC PRESS (CHINA)

前　言

发展低碳城市是21世纪城市规划的重要目标，可以通过深入了解出行行为和碳排放及其影响因素来实现。了解大城市居民基于日常交通出行的碳排放十分重要，但行为数据的缺乏通常限制了微观尺度的空间分析及政策评估。本书以北京市为研究对象，通过采用空间微观模拟方法，设计了一种自下而上的新方法，基于精细的空间尺度（即城市街道）动态模拟大样本居民日常出行行为以及交通碳排放，并进一步预测和评估不同政策情景下北京市居民日常交通出行的CO_2排放以及不同政策的减排潜力。

本书是基于我的博士学位论文进行的整理和提炼，在撰写过程中得到了许多人的帮助。首先，感谢我在英国利兹大学读博士期间的导师Gordon Mitchell教授和Alison Heppenstall教授，他们在研究设计以及空间微观模拟方法等方面为本书提供了大量的指导和帮助。同时，也要感谢我在北京大学读硕士期间的导师柴彦威教授以及我的师姐清华大学刘志林副教授，他们在研究方向和数据支撑等方面为本书提供了无私的帮助。此外，还要感谢周创文、刘冠秋、饶婧雯等几位研究生，他们帮助翻译、整理和校对了本书。

时空行为及其环境健康效应研究是国际前沿的热点问题，也是人文地理学研究的重要议题，需要我们不断探索时空行为研究及其在环境健康效应方面的新理论、新方法和新技术。作为中国地理学会行为地理专业委员会的成员，我也会继续关注时空行为与碳排放、时空行为与健康等方面的问题，不断深化相关研究，为发展低碳城市和健康城市提供科学依据和政策建议。

马　静

2022 年于北京

目录

CONTENTS

第一章
绪论

第一节　研究背景

人们普遍认为，气候变化是对城市发展的主要威胁，也是21世纪全球重大挑战（IPCC，2013），被称为“石油峰值”（Peak Oil）的能源危机预计将在未来几十年内爆发（Boussauw and Witlox，2009）。减少能源消耗和碳排放[①]已成为许多政治议程和科学研究的首要任务。其中，城市排放了全球80%的温室气体，而城市的3个部门（工业、交通和住房）则被认为是CO_2排放的主要来源（Dhakal，2009）。在3个CO_2排放最大的部门中，交通是增长最快的部门（Yan and Crookes，2009）。据估计，1970～2004年交通部门累计产生了全球最大的碳排放增长量；2005年，在所有与能源相关的CO_2排放中，交通部门占比23%（IPCC，2007）。随着交通需求和汽车使用的日益增长，预计由交通产生的CO_2排放至2030年将在原来的基础上增长50%左右，到2050年增长将会超过80%（IEA，2009）。由此可见，交通部门在实现能源节约、能源分配和碳排放减少等方面起着重要作用。

城市交通的三个主要因素影响着能源使用和碳排放，即出行行为（例如出行频率、出行距离和交通方式）、城市形态（例如土地使用模式、道路设计）和车辆技术（Wright and Fulton，2005；Hankey and Marshall，

① 注：本书碳排放指CO_2排放，为了行文表述方便，两者交替使用。

2010）。目前国家倡议的减缓气候变化的焦点在技术和经济方面，比如提高燃料效率和电动交通工具的使用量，以及车辆税收等（Brand and Boardman，2008）。尽管碳排放能够通过交通工具技术的改善而减少，但最终会被持续增长的汽车拥有量以及交通拥堵抵消（Chapman，2007）。此外，如果发展中国家如中国和印度继续遵循发达国家汽车依赖的道路，那么技术的提高将无法抵消机动化和碳排放的预期增长量（He et al.，2013）。

因此，在全球低碳运动中，城市规划在缓解气候变化方面的潜力吸引了政府和许多学者的关注。城市和邻里尺度的空间结构或城市形态影响着人们的日常出行行为，进而影响了由交通出行引起的碳排放（Grazi and van den Bergh，2008；Brownstone and Golob，2009）。低碳城市的政策导向与最近的新城市主义（New Urbanism）、紧凑型城市（Compact City）和精明增长（Smart Growth）的规划思想殊途同归，这些理念批评了低密度扩张、土地利用功能单一，以及长距离和以汽车出行为导向的街道设计等。这些出行模式不仅对当地环境产生了负外部性，比如交通拥堵和空气污染，也对碳排放和全球气候变化产生了一定影响。

已有文献提出通过城市规划改善居民日常出行行为（Dieleman et al.，2002；Wang and Chai，2009），进而减少城市交通碳排放（Grazi et al.，2008；Qin and Han，2013a，2013b）。例如，较高的人口密度、土地利用混合度和面向步行者的街道设计通常会减少出行距离和机动车的使用（Krizek，2003；Khattak and Rodriguez，2005；Ewing and Cervero，2010）。这些研究倾向于支持新城市主义和紧凑型城市的设计主张。然而，也有部分学者认为把居住自选择纳入考虑时（Bagley and Mokhtarian，2002；Cao et al.，2007），城市规划对改变出行模式的作用较小，因为居民有可能选择居住在符合他们偏好的生活方式的社区（Chatman，2009）。城市形态和交通出行的关系可能是特定居民自选择的结果，在这个过程中，居民选择有利于他们偏好的出行模式的建成环境（Mokhtarian and Cao，2008）。由此可见，城市形态和出行行为之间的因果关系没有定论，而城市形态对城市交通所产生的能源消耗和碳排放的影响程度也不明确（Liu and Shen，2011）。应当开展更多关于城市形态、出行行为和交通碳排放关系的研究，这也是发展可持续城市的核心。

已有关于交通碳排放的研究主要通过使用基于能源消耗总量或车辆规模和平均车辆出行里程数（Vehicle Kilometres Travelled，VKT）的汇总数据进行估计。这种自上而下的方法较为简单直接（Dhakal，2009；Hu et al.，2010），但应用于城市时经常受到数据的限制，特别是缺乏城市车辆数、能源使用量以及每辆车的平均出行距离的可靠数据（He et al.，2013）。此外，这种方法无法将出行行为和土地使用模式或城市发展政策直接关联起来。众所周知，一个城市的物理形态（城市形态）影响着人们每天的出行距离、出行模式选择，进而影响 CO_2 排放（Grazi et al.，2008）。但是，对于城市整体而言，基于个体出行行为以及城市形态影响的碳排放研究较为缺乏。这可能是由于需要关于大样本人口出行行为的详细数据，而这些数据通常无法获得，尤其是在中国等发展中国家中快速增长的特大城市。

目前，中国成为世界 CO_2 排放的主要来源国之一（Yan and Crookes，2010）。然而，对于非汇总尺度（Disaggregate Level）下人们日常出行的交通 CO_2 排放如何适应中国不断变化的城市形态，我们还知之甚少。许多关于城市形态、出行行为以及交通 CO_2 排放的文献主要关注西方国家如美国或欧洲国家。然而在发展中国家或处于转型中的经济体，比如中国，其城市空间发展模式和居民日常出行行为差别很大。中国仍在经历快速的城市扩张和空间结构调整，居民不断受到制度和空间转型的双重制约，包括住房市场化、住宅郊区化、内城再开发、高度的职住空间不平衡以及社会和空间分层等。迄今为止，在精细的空间尺度下对中国城市居民的日常出行行为和交通 CO_2 排放进行空间分析和动态模拟的研究非常缺乏。

此外，采用西方分区的土地利用规划理念，邻里尺度的建成环境已经从市中心更传统的土地混合利用模式转变为郊区单一功能的土地利用模式。随着未来 20 年中国城镇化进程的不断推进（United Nations，2008），城市规划和发展政策对中国追求低碳城市发展模式至关重要，尤其是考虑到城市空间结构一旦建成很难改变，从而对居民行为和长期环境后果产生锁定效应（Lefèvre，2009）。目前，中国基于微观个体尺度对城市形态、出行行为和交通 CO_2 排放的空间分析和动态模拟的研究较为缺乏，然而微观尺度的分析对制定更加有效的、精细化的土地利用模式和交通环境政策具有重要意义。

第二节　本书框架

本书目的是在中国快速城镇化和空间转型背景下，深入研究城市形态和居民日常出行行为对交通碳排放的影响，并基于微观空间尺度动态模拟大样本人口的日常出行行为和交通碳排放，开发一种自下而上的新方法来预测基于微观个体行为的城市交通碳排放。本书为深入了解微观尺度 CO_2 排放的空间分析和动态模拟提供了一种新的分析手段和技术方法，有助于城市微观模拟的创新，并为正在进行的关于促进中国向可持续和低碳城市发展的措施提供实证依据和政策建议。

本书一共八章。第一章为绪论，主要介绍研究背景及本书框架。第二章全面介绍了有关城市形态、居民日常出行行为和交通 CO_2 排放的相关文献，包括紧凑发展（Compact Development）的理论、在可持续城市背景下对紧凑型城市的批判、城市形态在出行行为和碳排放中的作用，以及技术发展在减少碳排放方面的潜力等。同时，该章对城市研究和交通预测的微观模拟研究也进行了综述和总结。第三章介绍了整体的研究设计、研究区域和数据来源等，为后面的实证分析奠定了基础。第四章和第五章主要采用统计模型分析社会经济属性和城市形态特征对居民日常出行行为及交通 CO_2 排放的影响。其中，第四章主要研究家庭和个人的社会人口学特征以及城市形态如何影响居民基于巡回的出行行为，包括巡回的产生、巡回行程安排以及巡回交互依赖效应等；此外，分别针对在职人员（有工作的居民）和非在职人员（如家庭主妇、退休人员等）分析城市形态—出行链的关系。第五章主要采用结构方程模型进一步分析城市形态和社会经济属性对居民工作和非工作出行及其碳排放产生的直接影响、间接影响以及总效应。第六章和第七章主要对人们日常出行行为和 CO_2 排放进行微观空间分析和动态模拟。其中，第六章主要采用模拟退火算法在精细的空间尺度下合成北京市大样本的虚拟人口数据集，并从街道尺度模拟 2000 年大样本居民的日常出行行为以及产生的城市交通 CO_2 排放。第七章在第六章的基础上进一步模拟北京市 2010 年城市交通 CO_2 排放，对比分析 2000 ~ 2010 年居民的出行行为和交通 CO_2 排放的动态变化，并进一步制定交通政策趋势、土地利用和交通政策、城市紧凑发展和车辆技术、组合政策 4 种情景，采用情景分析技术评估 2030 年不同情景下的城市交通 CO_2 排放以及不同政策的减排潜力。本书最后一章主要总结本书的研究结论和创新之处，并对未来研究方向进行讨论，也为低碳城市发展提供相关政策建议。

第二章
文献综述

第一节　城市、可持续性和城市形态

一　紧凑发展理论

世界各地都有关于城市发展和可持续性的广泛讨论，其中涉及对不同城市发展模式的考虑，如紧凑发展、城市扩张（Urban Sprawl）和多中心性（Polycentricity）。尤其是美国和欧洲国家已经采用不同措施来遏制城市扩张，包括精明增长和新城市主义。这些理论在土地利用、街道设计和公共交通发展等方面有许多共同之处，都主张对城市形态的评价需要综合考虑经济、社会和环境等因素。目前，尽管对紧凑型城市的关注与日俱增，但对于什么是可持续性的城市形态各方尚未达成共识。

城市扩张通常以大都市区域低密度发展、依赖汽车的道路设计为特点，因造成交通拥堵、空气污染、能源消耗、资源浪费和危害健康等问题而受到批评（Handy，2005）。这些担忧促使精明增长运动逐渐得到关注。自 1997 年在马里兰州举行的所谓“精明增长”立法辩论发生以来（Daniels，2001），精明增长一直被视为一种能够对抗城市扩张的新型发展方式。不同的环境组织、政府机构和研究团体均对精明增长做过定义，但到目前为止还没有一个被普遍接受的定义，本质上它意味着紧凑、无障碍、以行人为导向、土地混合利用的发展模式和土地再利用（American Planning

Association，2002）。

通过来自10个国家组织（这些组织的土地利用议程各不相同）的精明增长的声明和来自佐治亚州、肯塔基州两个州的49份文件可知，尽管这些文件对精明增长的定义表现出较大差异，但基本的概念和主张趋于一致（Ye et al.，2005）。相关文件总结了精明增长政策的6个主要组成部分：（1）自然资源保护，包括农田保护、分区保护、历史和生态土地保护；（2）交通，旨在给步行者和骑行者提供便利、提升公共交通系统的服务水平、减少汽车依赖；（3）社区发展，旨在提高人员参与度和社区多样性；（4）住房，如提供多户住房、有特殊需要的住房和多样化家庭住房；（5）规划，包括全面规划、土地混合利用、街道设计、公共设施规划、可替代水资源的基础设施系统；（6）经济发展，包括社区商业、市区振兴、填充发展和现存基础设施的再利用。在这6个精明增长政策的主要要素中，相比于住房、规划和经济发展，人们对前三个要素（自然资源保护、交通和社区发展）有更多的共识。然而，经济增长与环境保护的潜在矛盾是精明增长理论需要解决的主要问题（Ye et al.，2005）。

总的来说，交通与土地利用的关系是美国通过精明增长政策应对城市扩张的核心所在。然而，交通与土地利用不是简单的线性关系。2002年9月，许多交通和规划专家在马里兰州巴尔的摩参与会议，讨论精明增长与交通有关的问题、实践和实施策略（Transportation Research Board，2005）。他们的讨论围绕一些关键问题，包括为何精明增长是一个交通问题、精明增长的交通系统应该是什么样的，以及精明增长随区位如何变化等。他们致力于提供一个智慧交通系统来支持精明增长运动。

与此同时，精明增长运动的另一个关于土地使用和设计策略的主张也得到发展，它被称为新城市主义。新城市主义倡导者试图寻找一种新的范例以保证公共场所具有基本的组织元素，即邻里、区域和廊道（Katz，1994）。新城市主义提供了具体的设计特点，通过将日常生活活动安排在步行距离内、容纳各种住房类型和土地使用类型、提供相互连接的街道网络，以及为步行者、骑行者提供公共交通便利，从而减少汽车的使用并创造更宜居的社区（Handy，2005）。

最著名的方法是由卡尔索普（P. Calthorpe）提出的交通导向发展（Transit-Oriented Development，TOD），它将区域交通和土地利用战略与详细规划相结合。TOD 的主要特点包括大约 80 公顷的面积、从边缘到中心步行 10 分钟的距离、不同土地利用模式在精细尺度的空间分布、不同住房的混合，以及作为社区活动聚集地的中心区域（Calthorpe，1993）。TOD 可以进一步归类为城市 TOD——位于主要交通路线上，适合工作生产和高密度使用；社区 TOD——位于一条带有住宅和当地服务商店中心的交通支线上。每个 TOD 都应该是一个密集的、紧密编织的社区，在一个紧凑、可步行的区域内将购物、住房和办公混合在一起，不同的 TOD 通过一个轻轨和公共汽车路线的网络连接到该区域（Katz，1994）。

此外，由杜安尼（A. Duany）和普雷特 - 兹伯格（E. Plater-Zyberk）提出的传统邻里发展（Traditional Neighbourhood Development，TND）是新城市主义的另一个著名方法，包含更多详细的规则，并且相比于卡尔索普的 TOD 方法，其对区位条件有更多样的回应。然而，它对区域规划和交通的重要性并不是很确定，并且它在一个更小的尺度下运行（Katz，1994）。这一新城市主义理念在城市工作小组（Urban Task Force）的最终报告中得到了英国政府的大力支持，该报告提出了许多政策建议，旨在建立一个振兴英国城镇的框架（Rogers，1999）。

总体而言，这些不同的规划设计方法指出城市紧凑发展的共识，主要是以密集的发展中心、高人口密度、土地混合利用、公共交通优先性和社会互动为特点。这样的紧凑型城市思想受到许多学者和专家的倡导。例如，将紧凑型城市当作回应“思想全球化和行动当地化”挑战的一种方式，理由是城市紧凑发展能够缩短交通距离，减少温室气体排放，有助于控制全球变暖；与此同时，城市居民能够享受到更低的交通费用、更少的污染、更低的取暖费用、更多的社区活动、更多的骑行和步行活动以及获得更健康的体魄（Jenks et al.，1996）。紧凑型城市将遏制用地扩张，并为开放空间、花园、城市农业、林业和园艺节省更多土地。在城市紧凑发展过程中，通过更多的绿色交通模式、更安全的街道、更少的能源消耗和更小的环境影响来改善城市，以使其整体功能变得更加环保（Kenworthy，2006）。此外，基于米兰大都市区的统计分析，考虑到更多的土地保护、更小的环境影响、更高的公共交通效率、竞争力和在流动市场中的份额，紧凑型城市发展将与特定的社会效益、环境效益和经济效益紧密相关（Camagni et al.，2002）。

总之，紧凑型城市的发展将会产生许多环境收益、能源收益和社会收益，比如城市基础设施的再利用、农村土地的保护、提高可达性、减少污染和拥堵、缩短交通距离和减少汽车依赖、降低供暖费用和能源消耗、增加社会混合度和加强互动、提高当地活动的集中性、促进城市再生和增强城市活力（Frey，1999）。许多西方国家已经出台了城市紧凑发展的相关政策，其目的是促进城市再生、振兴市中心、提高公共交通服务水平、促使城市活动集中化（Breheny，1997）。

二　对城市紧凑发展的批判

在可持续发展的讨论中，也存在许多对城市紧凑发展的批判。例如，布雷赫尼（M. Breheny）是一个英国地理学家，也是一个对城市紧凑发展的狂热批评者。他指出了紧凑型城市理念与其他可取政策之间的一些内在矛盾和潜在冲突，认为城市集中化破坏了城市绿化的理想目标，与英国人民对郊区生活品质的深刻喜爱相矛盾，并与由电信技术发展带来的分散化生活模式相矛盾。紧凑型城市理念限制了风能和太阳能等可再生能源的发展，这些能源无法在高密度的城市环境中得到有效利用，并削弱了易受城市和城镇活动重点威胁的脆弱的农村经济（Breheny，1992）。

此外，他进一步提出紧凑型城市思想应该受到至少三个方面的检验，即真实性、可行性和可接受性（Breheny，1995）。在可行性的检验中，他对城市紧凑发展的经济、技术和政治前景提出重大疑虑（Breheny，1997）。关于经济的疑虑在于城市中心化（Urban Centralisation）倾向于扭转长期以来根深蒂固的城市去中心化（Urban Decentralisation）进程，试图扭转人口流向，使其从郊区向城市中心流动。关于技术的疑虑在于更多的棕色地带（Brownfield Sites）利用的问题和关于污染、可达性、需求和责任的问题使得城市复兴困难重重。关于政治的疑虑指的是，中央政府是否愿意投入所需资源，使棕色地带大规模使用，以及当地社区是否愿意承担紧凑型发展模式产生的后果（Breheny，1997）。同时，他还指出紧凑型城市政策倡导所有的进一步增长都应该处于城市边缘，这看起来并不合理。

尽管已有许多实证研究试图论证紧凑型城市形态是可持续的，且具有较少的能源消耗和环境污染，但它们的证据是不确定的，甚至是矛盾的。关于能源系统和城市形态关系的几个难题，主要在于密度、住宅停车场和其他土地利用特征是相互关联的，也与社会经济因素有关（Hall，1999）。开放的思想和文化改变了人们的生活方式，家庭规模和结构也发生了变化，人们需要更多的工作场所，对空间的需求也越来越复杂，对公共服务的需求也越来越大。人们拥有更多复杂的空间，而且对公共服务的要求也更高。因此，城市紧凑发展和能源消耗之间没有明确的关系，城市紧凑化不应作为改善环境的普遍解决方法。事实证明，比起在城市生活，人们更满意农村和郊区的生活方式，高密度的城市生活并不理想（Hall，1999）。

同时，也有其他学者以不同的方式批评紧凑型城市理念。例如，纽曼（M. Neuman）通过概述可持续性的 5 个智能来源，总结了可持续性的 4 个共同主题，即可持续性、健康、地方特殊性及其相互关系，并将其与紧凑型城市进行了比较，发现紧凑型城市理念并不完全符合这些主题。他进一步指出了紧凑型城市的谬论，认为紧凑型城市既不是可持续发展的必要条件，也不是充分条件，仅仅通过使用城市形态战略使城市更具可持续性的尝试是适得其反的；城市形态应被视为一个走向可持续城市的过程（Neuman，2005）。此外，当许多实证文献都集中在可持续城市的环境方面时，伯顿（E. Burton）则已经开始探讨城市紧凑发展是否能够促进社会公平。她以25个中等规模的城镇为样本，选取了衡量密度、社会公平和一系列干预变量的指标，然后用多元分析法检验了高密度城市形态对10种不同社会公平效应的影响，如超市可达性、绿地可达性、工作可达性、公共交通的使用、步行和骑自行车的机会、家庭生活空间、健康、犯罪、社会隔离和经济适用房（Burton，2000）。结果表明，城市紧凑发展至少会对城市质量的4个方面产生消极影响，即低收入群体将会有更小的家庭居住空间、更少的经济适用房选择、更低的步行和骑行频率以及更高的犯罪率。

关于城市紧凑发展的另一种批评与城市绿化的固碳作用（Carbon Sequestration）有关。相关研究表明，城市绿地能够通过直接的固碳作用和间接的节约建筑的制冷和供暖能源来减少碳排放；在合理的绿地规划和管理策略下，碳排放会最小化，碳贮存会最大化，因此其有助于缓解全球 CO_2 问题（Jo and McPherson，1995）。有人认为如果高密度的城市建立起来，那么城市绿地的规模会缩小，因而其封锁碳排放的能力也会受到限制。而且，缺乏城市绿地的高密度城市形态似乎不适合居住和可持续发展。

这些讨论试图论证城市紧凑发展的许多缺点，比如城市中心的拥堵、与城市去中心化相矛盾、与绿色城市概念相悖、对农村经济发展造成威胁、缩小居住空间、存在不受欢迎的移动限制、大规模的财政刺激和高度的社会控制、生活质量的恶化，以及社会分层（Frey，1999）。此外，清洁的交通工具技术、人们对郊区生活的喜爱和电信的发展会使紧凑型城市的思想不受欢迎。

三　可持续城市的观点

综上所述，城市紧凑发展有利有弊。在这两个极端的争论之外，也有一些折中的看法，认为可持续发展不应该完全是紧凑发展，也不应该是城市扩张，而应该是一种“分散式集中”（Decentralized Concentration），它将集中的优点和分散的好处结合起来（Frey，1999）。1996 年，詹克斯（M. Jenks）等人在《紧凑城市——是一个可持续的城市形态吗?》（*The Compact City: A Sustainable Urban Form?*）一书中提出关于紧凑型城市讨论的 3 个主要问题：紧凑型城市的可持续性还未得到证实；紧凑型城市的灵活性和社会可接受度依然受到质疑；缺乏紧凑型城市政策成功实施的工具（Jenks et al.，1996）。由于前两个问题之前已经得到很多关注，他们还讨论一些紧凑型城市政策的实时问题，例如，哪个机构应该实施紧凑型城市政策、什么测量方法可以用来测算其效果、在哪个水平上管理紧凑型城市，以及如何估算结果等。此外，2000 年 Williams 等人在《实现可持续城市形态》（*Achieving Sustainable Urban Form*）一书中，推进了该讨论，提供了更复杂的分析和测试城市形态的关键要素——密度、紧凑性、集中度、分散性、土地利用模式、住房类型等（Williams et al.，2000）。这些学者还指出了其他城市形态的相对优点，扩大了未来增长的选择范围，并指出与其寻找一种确定的可持续发展形式，不如确定哪种形式更适用于某一特定的地区，并且在一个城市中多样化的城市发展模式未来可能共存。

为了使城市更加生态、宜居和可持续，肯沃西（J. R. Kenworthy）讨论了 10 个重要方面，并用一个生态城市的概念模式对它们进行总结，包含紧凑、土地混合利用、界限分明的高密度中心、公共交通和非机动模式的优先性、自然环境的保护、环境技术、有创造力的经济增长、优质的公共场所、可持续的城市设计，以及城市规划和决策。这 10 个重要方面可归结为“可持续城市形态和交通”的 4 个主要因素、“可持续性技术、经济和城市设计”的4个重要因素以及关于“可持续城市规划和决策”的2个重要因素（Kenworthy，2006）。

到目前为止，尽管人们对什么样的形式和结构能使城市更具可持续性的问题进行了大量的讨论，但他们的结论是混乱的、模糊不清的，甚至是自相矛盾的。可持续城市问题非常复杂，因此需要更多的讨论来准确界定紧凑型城市的形式和结构，或者指出城市结构的紧凑程度和集中或分散的程度，而这在以前的讨论中是缺失的。本书把焦点放在城市发展的一个方面：城市形态如何影响人们的日常出行行为和交通 CO_2 排放，如何能使居民减少出行、增加非机动出行比例、减少 CO_2 排放以及使城市更具可持续性。之后的章节将对城市形态、居民日常出行和交通碳排放等方面的文献进行系统回顾。

第二节　城市交通出行和碳排放

一　气候变化与交通碳排放

气候变化被广泛认为是21世纪的一个重要全球挑战。联合国政府间气候变化专门委员会（International Panel on Climate Change，IPCC）的第四份评估报告指出，温室气体排放水平的上升导致1900年以来全球平均地表温度上升了0.6℃，如果按照目前的排放趋势，到2100年全球平均地表温度将上升1.8～4.0℃（IPCC，2007）。CO_2 是一种重要的温室气体，占到了所有温室气体排放的85%以上（IPCC，2007）。世界化石燃料消费产生的 CO_2 排放量预计将从2003年的约250000亿吨增加到2030年的400000多亿吨，平均每年增长2.1%（IEA，2006）。此外，随着温室气体在大气中的日益聚集，全球变暖已成为我们这个时代的主要问题，可能引发许多严重的环境问题，比如极端天气和自然灾害，进而会影响全球城市和区域的可持续性（Stern，2007）。因此，如何应对气候变化已经引起全球政治界和公众的广泛关注。

国际上尽管存在激烈的矛盾，但对于需要采取哪些措施来减少温室气体排放，人们达成了普遍的共识（Hamin and Gurran，2009）。通过国际协议尤其是《京都议定书》，以及由此产生的欧盟排放交易计划（The European Union Emission Trading Scheme，EU ETS）等碳交易计划，各国政府试图减缓并最终限制未来全球温室气体排放量的增长（Jaroszweski et al.，2010）。然而，由于政府层面的行动不力，碳排放量持续上升，使人类面临超过 IPCC 预测的 CO_2 浓度限制的风险，这将造成重大影响。同时，由于系统中存在惯性，即使 CO_2 排放量低于 1990 年的水平，气候变化仍将持续，而当前实施缓解措施的成本远远低于未来应对灾害的成本（Stern，2007）。

许多研究表明，全球 CO_2 浓度的增加主要是由化石燃料的使用和土地利用的改变而引起的（Poudenx，2008；Jo et al.，2009）。人类活动，特别是涉及化石燃料燃烧的活动，会产生影响大气成分的温室气体（Wee-Kean et al.，2008）。城镇化和其他活动导致的土地利用的改变会影响地球表面的物理和生物特性，进而影响地区和全球气候（IPCC，2001）。另外，人口和经济的增长也是过去 20 年全球 CO_2 排放增长的主要驱动力。简而言之，这些协议和研究引起了全世界对低碳概念的关注，许多国家在国家层面上开展了低碳运动。

2003 年，英国政府发表了题为《我们的能源未来——创造低碳经济》（*Our Energy Future—Creating a Low Carbon Economy*）的能源白皮书，引起了国际社会对低碳经济概念的关注。随后，第一个具有法律约束力的国家 CO_2 减排计划获得通过，该计划载于 2008 年《气候变化法》（*Climate Change Act*）中（DTI，2003；Parliament，2008）。在 2007 年，日本政府将低碳经济的概念从经济领域扩展到社会领域，并且提出了一个低碳社会的概念

(Liu et al.，2007)。然而，由于能源消耗的重大增长和 CO_2 排放主要发生在城市，所以低碳城市的概念应在全球普及。自2008年以来，世界上一半以上的人口居住在城市，其温室气体排放量占全球排放量的80%（Stern，2007)。此外，世界城市人口预计以年均1.9%的速度增长，并有望在2030年达到50亿人（世界人口的60.2%）（United Nations，2002)。因此，城市作为人类主要的生活和工作场所，已经成为减少 CO_2 排放的重要环境。

由于主要的能源消耗和 CO_2 排放发生在城市，所以我们必须把解决问题的焦点放在城市内部。许多研究表明，从最终使用的角度来看，CO_2 的排放主要来源于三个部门：工业、交通和住房（Dhakal，2009)。其中，交通是 CO_2 排放最大和增长最快的部门（World Bank，2010)。1970～2004年，交通部门在全球 CO_2 排放中增长量最大，2005年在与能源相关的 CO_2 排放中占到23%（IPCC，2007)。预计由交通产生的 CO_2 排放到2030年会在原来的基础上增长50%左右，到2050年增长将超过80%（IEA，2009)。在发展中国家和转型经济体中这一比例甚至会更高，部分原因是家庭收入和汽车拥有量的快速增加（IEA，2006)。在中国，2000～2008年交通部门的 CO_2 排放以年均8.6%的速度增长，到2008年达到6.3亿吨（齐晔，2011)。综上所述，在学术文献中“交通和气候变化”的主题引起了许多人的关注。

一些研究认为，城镇化、收入增加、社交和休闲时间增多以及活动的多样性，在使城市基础设施建设增加的同时，导致客运需求大幅增加（Yan and Crookes，2009)。据赖特（L. Wright）和弗腾（L. Fulton）的研究，有三个主要因素影响城市交通 CO_2 排放（见图2－1)，分别是个体的出行行为（比如出行频率，受模式选择、出行距离影响）、影响出行行为的城市形态（比如土地利用模式、街道网络设计等）、涉及每种燃料的碳含量和燃料使用效率的碳技术，其中燃料使用效率会影响每辆车行驶里程的碳排放量（Wright and Fulton，2005)。

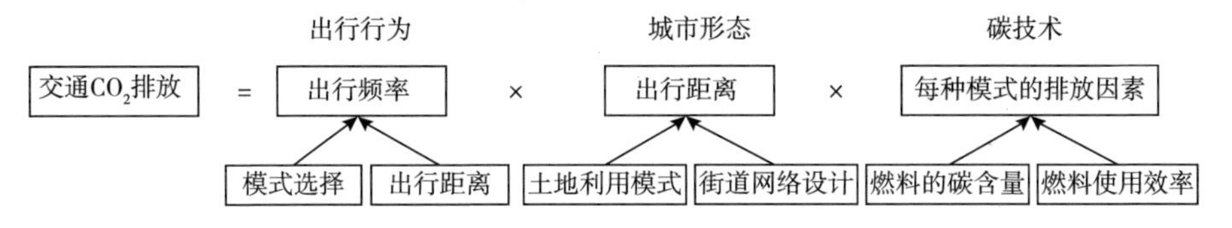

图 2-1 影响城市交通 CO_2 排放的因素

资料来源：作者自绘。

相应地，减少交通碳排放的途径也包括三个方面：（1）低碳燃料或其他能源承载体，减少单位能源的生命周期碳排放（Life Cycle Carbon Emissions）；（2）更高效的交通工具，降低每辆车行驶里程能耗；（3）通过公共交通以及步行和骑自行车等非机动出行方式，减少每辆车行驶里程。其中，在前两个途径中引入低碳燃料和新技术以提高燃料使用效率，使人们可以继续驾驶汽车，但 CO_2 排放量减少，可称之为“可持续交通”；而另一个解决方案，重新设计我们的城市和地区，从而减少驾驶或驾驶较短距离和提高效率，可称之为“可持续城市化”（Sustainable Urbanism）（Cervero and Murakami，2010）。总体而言，减少城市 CO_2 排放需要结合交通出行行为、城市规划和碳技术。

二　城市形态对出行行为的影响

许多文献提供了 20 世纪 90 年代以来或之前城市规划对个人出行行为的影响具有有效性的实证证据。这些研究可分为几类，例如出行目的（工作出行与非工作出行等）、分析方法（模拟和回归等）、研究尺度（宏观水平与微观水平）、城市形态的测量（社区类型的虚拟变量、密度、多样性和设计特点的具体测量等），或者是数据的性质和质量（Crane，2000）。这种分类有助于理解其发展历史。如图 2-2 所示，文献回顾大致按时间顺序，分为 3 个阶段——早期（1990 年之前）、中期（20 世纪 90 年代）、后期（2000 年之后）。然而，我们重点关注最近的研究，尤其是 2000 年之后的相关文献，这是因为早期的研究在其他地方已经得到广泛讨论（Cervero and Seskin，1995；Handy，1996；Ewing and Cervero，2001），同时最近的研究更多样复杂并且更具发展前景。

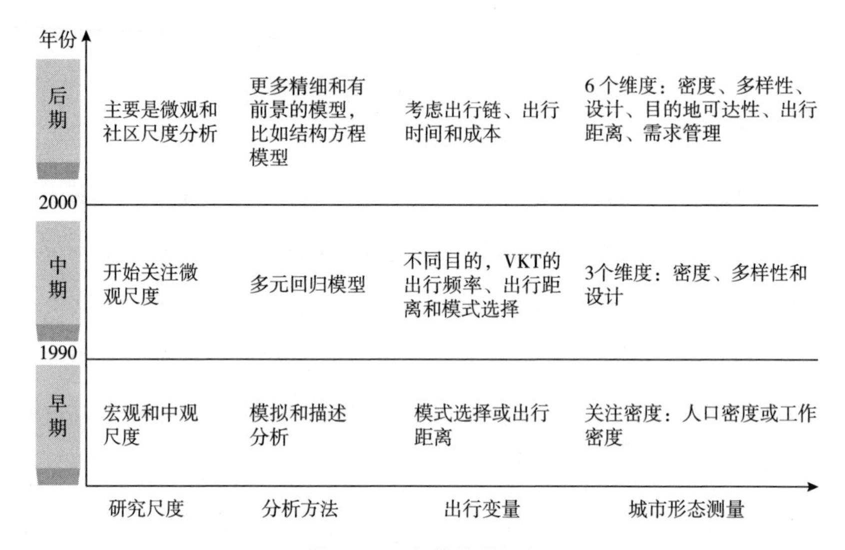

图 2－2　文献总结框架

资料来源：作者自绘。

（一）早期：1990 年之前的文献

以往的研究，尤其是 1990 年之前的研究，主要集中在宏观或中观尺度上，以城市、都市圈或廊道、活动中心为分析单元，研究城市形态与出行方式的关系。考虑到缺乏土地利用和出行变量的实证数据，许多研究使用出行需求预测模型来模拟其他土地利用模式的情景效应对总体出行行为的影响。由于这些研究假设城市形态与出行模式之间存在一定的关系，然后利用这些假设关系来预测不同城市发展情景的影响，所以此类模拟研究并未对城市形态与出行行为之间的关系进行实证检验（Handy，1996）。在大多数情况下，它们只是提供了一些关于不同城市发展对平均出行模式的潜在影响的一般性见解。因此，这类研究的价值有限（Handy，1996）。

这一时期的研究的另一个特点是主要关注密度，比如人口密度或是工作密度，用于城市形态的测量。这些研究通常在不同城市、地区甚至是国家之间对比城市密度和平均出行变量，或是能源消耗。最著名的是纽曼（P. W. G. Newman）和肯沃西（J. R. Kenworthy）的研究，他们评估了全球33个城市的规划因素与人均汽油使用量之间的关系，发现土地利用参数，如人口密度和工作密度，与汽油使用量有很强的相关性。特别是汽油使用量与人口密度的关系是一条指数曲线，表明当城市密度增加到每英亩12～14人时将出现主要的燃料节约（Newman and Kenworthy，1989）。尽管这一文献已经被广泛引用，但是它也受到了批判，主要是因为缺乏对其他可能影响燃料消耗量和燃料价格因素的统计控制（Gordon and Richardson，1989）。

总体上看，这些早期研究只表明城市形态与出行模式之间的紧密联系，并没有说明变量之间的因果联系。即便不考虑家庭和个人的社会经济属性，比如家庭规模、收入或汽车拥有量，城市规划和汽车使用量的高相关也可能不真实。此外，密度作为衡量城市形态的简单指标也受到了挑战，因为它可能掩盖其他城市形态指标对出行变量和能源利用的影响，如土地利用结构、街道网络设计、各种设施的可达性等。

（二）中期：20世纪90年代的文献

早期的研究试图预测给定城市发展情景下的出行模式，而20世纪90年代的研究则试图了解土地利用规划和城市设计如何影响出行行为（Crane，2000）。这些研究更多的是从微观层面分析邻里尺度的土地利用特征，而不是仅仅测量宏观层面的城市形态，如城市规模和人口密度。通过使用活动日志数据和非汇总方法，这些研究能更好地捕捉到土地利用参数与个人出行行为之间的关联。例如，比较旧金山湾区一些街区居民工作出行的特征可以发现，在基于公共交通导向的邻里中，步行和骑行的交通方式所占比重和出行率往往远远高于相应的基于汽车导向的邻里；在利用回归模型探讨居民区类型和公共交通方式之间的关系后，还发现居住密度和邻里类型对公交通勤都有显著的正向影响（Cervero，1996）。

塞韦罗（R. Cervero）和科克曼（K. Kockelman）提出了最早的建成环

境“3D”要素——密度（Density）、多样性（Diversity）和设计（Design），用来衡量建成环境，并在后来的土地利用与出行行为的研究中得到广泛应用。根据1990年旧金山湾区50个社区的活动日志调查和土地利用数据，他们发现这3个主要的建成环境要素对个体的出行行为有重大影响。居住在高密度、高土地利用混合度和面向步行者的设计中的人们往往倾向于具有更少的VKT和汽车依赖，尤其是在非工作出行、家庭出行方面。他们的研究结果似乎支持了新城市主义者和其他人的观点，即紧凑、混合使用、方便行人的设计可以减少交通出行，减少人均VKT以及鼓励非机动出行（Cervero and Kockelman，1997）。

相反，基于同年旧金山湾区的5个不同社区，有学者研究了土地利用变量和居民态度特征对出行行为的影响。该研究发现，态度变量解释了数据中最大比例的变化，并且与土地利用特征与出行行为的关系相比，态度变量与出行行为之间有更密切的联系，并进一步指出，若不改变居民的态度，提高密度和多样性的土地利用政策并不能有效地改变居民的出行需求（Kitamura et al.，1997）。

此外，有学者使用美国加州南部769人的活动日志数据，研究了邻里尺度上的土地利用模式与非工作的汽车出行之间的联系。在应用有序Probit模型和工具变量回归来控制个人的社会人口属性和居住地点选择时，他们发现土地利用变量对非工作出行行为的影响没有统计学意义。因此，他们建议，在得出出行行为与土地利用特征之间关系的结论时，应更多地关注地理尺度和居住地点选择问题（Boarnet and Sarmiento，1998）。这一时期的研究试图探讨居民态度变量对出行行为的影响，因为这些变量可能会混淆城市规划对出行行为的作用。然而，这些研究仍然是有局限性的，部分原因是缺乏个人的主观数据。

综上所述，中期20世纪90年代的研究与早期1990年之前的研究相比，在探讨城市形态与出行行为的关系上取得了很大进展，主要是由于前者研究了可观察的行为，展示了人们在不同邻里的行为表现，并使用多变量统计模型试图解释这种行为（Crane，2000）。城市形态的测量也拓展到多个维度，给予潜在的有力解释。城市形态的多个方面都被证明有可能影响出行行为，包括到市中心的距离、土地利用混合度、当地提供的设施、公共交通网络可达性，以及上至区域的策略规划、下至具体的社区规划问题。这些土地利用变量是相互关联的，这将进一步提高分析城市形态与出行行为之间关系的复杂性（Stead and Marshall，2001）。

通过对 20 世纪 90 年代的 73 项土地利用与出行行为关系的实证研究进行回顾，笔者发现这些研究主要可以根据城市形态测量方式分为五类，研究内容包括邻里和活动中心设计、土地利用变量、交通网络变量、城市设计变量和综合指数。而在比较和总结模型中建成环境变量与交通变量之间关系时，进一步倾向于通过使用在公共政策制定和规划中应用的弹性测量方法来总结建成环境对车辆出行和车辆行驶里程的影响（Ewing and Cervero，2001）。然而，有关城市形态变量的研究还是相对较少，并且居民的自选择问题在大部分研究中并没有解决，因此，城市形态与出行行为的因果关系依旧是不确定的。

（三）后期：2000 年之后的文献

20 世纪 90 年代的研究主要集中于美国，但 2000 年之后的研究在其他国家也逐渐增多。基于荷兰的国家出行调查数据，分别对城市形态因素和微观层次的家庭属性对出行模式选择和出行距离的影响进行了探讨，可以发现在解释个体出行行为时，上述两种因素几乎同等重要，尽管这些关系因出行目的而显著改变，尤其是购物和休闲活动的出行（Dieleman et al.，2002）。而施瓦恩（T. Schwanen）等人通过使用 1998 年荷兰的国家出行调查数据和评估若干国家的空间政策，也提供了荷兰关于城市形态与出行行为关系的一些经验证据（Schwanen et al.，2001，2004）。

尽管关于土地使用与交通的文献仍然以发达国家的研究为主，但是在发展中国家包括中国，有关研究在2000年之后得到越来越多的关注。在一项研究中，使用上海4个社区的出行调查数据，探讨城市形态变量对个体出行行为的影响，结果表明，面向步行者的社区居民倾向于较短的出行距离、较少的机动车辆，并有更大的可能选择非机动出行模式，这说明土地使用规划和城市设计对机动化和出行行为产生了重要的短期和长期影响（Pan et al.，2009）。而基于2001年一份北京家庭采访调查，探讨工作—住房关系对通勤的交通模式和出行距离的影响，证明了相较于那些居住在商品房社区的居民，在单位社区的居民有更短的通勤距离和更高的非机动出行可能性，这表明单位社区的土地利用混合度更高、公共交通可达性更好、街道设计更方便行人，对出行行为有积极影响（Wang and Chai，2009）。然而，尽管中国正经历快速的城市扩张和意义深远的城市空间转型，但这方面的研究仍然缺乏，而且对于中国邻里尺度的城市形态与城市出行行为之间的因果关系也缺乏实证证据。

然而，在分析城市形态与出行行为之间的关系时，土地利用—交通的研究大多以单个出行为基本单位，而更贴近现实的可能是使用“巡回”或“出行链”，其被定义为从家到一个或多个活动地点然后回家的出行活动。巡回（出行链）可以将个人的多次出行联系在一起，包括外出和返程以及沿途的所有停留，提供了一种更好地解释个人出行行为的方法。通过将巡回作为基本的分析单位，基于巡回的模型能够更好地匹配实际所做出的出行决定，并且更有可能挖掘真实的行为因果关系（Frank et al.，2008）。因此，2000年之后的几个研究试图对基于巡回的出行行为进行建模。相关学者使用美国普吉特海湾交通委员会（Puget Sound Transportation Panel）的数据，采用多元回归模型，分别探讨了社区可达性与出行数量，以及不同目的的出行频率与简单的持续性出行距离之间不同的关系，发现交通可达性较高的社区家庭更有可能进行更多的出行，每次出行的停留点更少，并且他们往往倾向于进行较短出行距离的持续性活动，比如购物、约会或是处理个人事务。与此同时，邻里可达性似乎对家庭出于任何目的的复杂出行影响不大（Krizek，2003）。

同时，使用巡回作为分析单元将出行行为模式化的重要性也经过了论证。有学者基于纽约大都市区的数据，运用一个联立的双方程式系统来探讨建成环境，尤其是家庭和工作场所的人口和就业密度对基于家庭的工作出行链的模式选择的影响。结果表明，建成环境变量确实对基于巡回的出行方式选择产生了影响，特别是工作场所的就业密度比家庭周围的住宅密度的影响更大，这为城市规划和政策决定提供了新的依据（Chen et al.，2008）。还有学者应用离散选择模型，研究了在普吉特海湾中部地区，出行时间、成本和城市形态变量对个人出行方式选择和家庭、工作出行链复杂度的影响。他们指出，出行时间是出行方式选择决策中最重要的因素，而土地利用变量对任何类型的出行复杂度都有显著影响（Frank et al.，2008）。然而，部分由于出行分类的困难和巡回的复杂性，使用基于巡回的出行框架的研究在得出关于城市形态在出行行为中作用的一般性结论方面遇到了困难。

多元回归模型经常被用来测试城市形态对出行行为的影响，大多数研究将城市形态视为外生变量，假设城市形态是由规划、政府补贴和开发商决策等因素决定的，而这些因素往往超出了居民个人的控制范围。然而，由于在衡量土地利用与出行行为关系时没有考虑居住自选择而受到研究者的批判（Cao et al.，2006）。例如，尽管居民可能没有能力塑造城市形态，但他们可能会选择与他们的生活方式相适应的社区。这种居住自选择过程如果不进行统计控制，将混淆城市形态对出行行为影响的估计（Chatman，2009）。换言之，城市形态与出行行为之间的关联可能意味着行为选择因城市形态而发生变化，也可能是某种居住自选择过程的结果，在这个过程中，居民会选择有利于其出行模式的建成环境。如果是后者，土地利用规划在改变城市出行模式和避免环境后果方面的作用可能会被削弱。

因此，研究者开始将个人对城市形态和出行偏好的态度变量纳入模型中，以控制居民的自选择问题，从而研究城市形态与出行行为之间的因果关系。例如，使用二次回归模型来调查和比较北卡罗来纳州的两个不同社区，控制家庭人口统计特征和居住自选择，发现与传统的郊区居民区相比，新传统社区的家庭出行距离更短，外出出行的次数更少，步行出行的次数也更多（Khattak and Rodriguez，2005）。该研究应用一种不同的方法来考虑居住自选择过程，提供证据证明寻求出行可达性的家庭对建成环境的响应较小，并且居住自选择并没有对建成环境对出行行为影响的估计产生很大偏差（Chatman，2009）。也有学者通过应用似无关回归模型（Seeming Unrelated Regression Equations Model，SUREM）来研究美国建成环境与不同模式下的非工作巡回频率之间潜在的因果联系，发现即使考虑了居住自选择，邻里特征也会影响个人的出行决策，尤其是影响非工作出行频率（Cao et al.，2009）。

相比之下，还有其他研究有不同的发现，甚至是一些相反的结论。例如，有学者发现，出行行为在很大程度上受到态度和生活方式变量的影响，而不是被新城市主义支持者高估的建成环境变量（Bagley and Mokhtarian，2002）。基于1995年对奥斯汀6个社区1368名调查对象的调查，应用两个独立的负二项回归模型来研究建成环境和居住自选择对步行者行为的影响，发现住宅偏好在个体出行选择中起着重大作用，步行者的购物出行更有可能通过居住自选择变量来解释（Cao et al.，2006）。此外，在对北加州不同类型社区的547人进行的类似研究中，通过控制纵向数据中的住宅偏好和出行态度变量，探讨城市形态与出行行为之间的因果关系，最终结果表明，居住自选择和建成环境两者对出行行为都有很大的影响，而且可达性可能是减少汽车使用的最重要因素（Cao et al.，2007）。

与上述研究方法不同的其他研究也为城市形态与出行行为之间的关系提供了有益的解释。例如，在关注一个特殊的家庭主妇群体时，发现建成环境的影响比社会经济变量小一个数量级，而不同类型的活动和相关出行之间的相互关系对此类研究非常重要（Chen and McKnight，2007）。此外，在从三个不同层面，包括街区组、个体和巡回分析，探讨结合交通和天气状况的建成环境与出行行为和时间分配之间的关系时，发现土地利用规划对个体的出行行为具有重要影响，但这种土地利用与出行行为的联系因活动背景（如活动类型和一天中的时间）而有所区别（Fan，2007）。也有学者基于大范围的情景规划分析，探究紧凑增长情景下 VKT 减少的程度，发现到 2050 年 VKT 将会在假设延续现存趋势的紧凑增长情景下减少 17%（Bartholomew and Ewing，2009）。

此外，还有学者基于 2009 年之前大量文献的回顾，进行了建成环境与出行行为之间联系的荟萃分析。通过计算个人的弹性和加权平均弹性，进一步量化了各种城市形态措施的影响大小，试图为政府在土地利用规划和城市设计中的应用提供建议（Ewing and Cervero，2010）。他们在文章里总结了“6D”要素作为缓和出行行为与城市形态关系的 6 个重要维度。度量城市形态的这 6 个维度包括密度（Density）、多样性（Diversity）、设计（Design）、目的地可达性（Destination Accessibility）、交通可达性（Distance to Transit）以及需求管理（Demand Management）。而与最开始的“3D”要素相比，人口统计学要素（Demographics），即第七维度，被当作出行研究里的混淆要素。

综上所述，虽然许多研究为探讨城市规划在影响个人出行行为方面的作用提供了经验证据和见解，但这种证据结论并不一致，关于城市形态和出行行为之间的因果关系仍然没有定论。此外，关于城市空间结构和出行行为的文献显然主要集中在发达国家，尤其是美国和欧洲国家。因此，将从这些地方吸取的政策教训应用于基础环境大不相同的发展中国家，可能会有很大问题。这意味着对于像中国这样的国家来说，推进对碳减排的交通政策和计划的实施，需要进行大量本国的土地利用和交通研究，以便更好地了解当地的具体情况。

三　城市形态、交通出行和碳排放

已有文献研究了城市形态和出行行为在不同情景下的关系，尽管数据收集技术和分析模型有了一定的发展，但学者关于城市形态对个人行为的复杂影响有所争议，特别是在考虑家庭属性和住所偏好等其他因素时。例如，研究表明，荷兰城市形态和家庭属性在解释个人出行行为，包括模式选择、出行距离和出行目的方面都很重要（Dieleman et al.，2002）。同时，城市形态对出行行为也有重要影响：在密度较高的社区，家庭居民更有可能以更少的停留点进行更多的出行，并且他们往往在较短的距离内进行日常活动，如购物和办理个人事务（Krizek，2003）。

然而，最近的研究主张居民根据他们的出行和居住偏好有意识地选择居住社区的类型，这对其相关性提出了挑战，并且有必要说明在城市出行模型中的居住自选择过程。有学者发现即使是在考虑居住自选择的情况下，邻里特征对个人非工作出行决定，特别是对非机动出行频率有显著影响（Cao et al.，2009）。然而，类似的分析常有不同甚至相反的结论。例如，有学者发现，出行行为在很大程度上受到态度和生活方式变量的影响，并且主张新城市主义的学者高估了建设环境变量的影响（Bagley and Mokhtarian，2002）。一篇批判性的文献提供了对现有实证结果的整理分析，表明城市形态与出行行为之间的关系仍然不确定（Ewing and Cervero，2010）。

现有文献的另一个趋势是扩展城市出行模式框架，包括土地利用特征对能源消耗和与出行相关的 CO_2 排放的影响。在早期的研究中，有学者通过对世界上 33 个城市的城市形态与能源消耗关系的研究，发现土地利用特征，如人口密度和工作密度，与汽油的使用密切相关（Newman and Kenworthy，1989）。这项工作虽然被广泛引用，但也受到批评，如没有控制其他因素（Gordon and Richardson，1989）。自此以后，工具变量法（Instrumental

Variable，IV）（Grazi et al.，2008）和结构方程模型（SEM）（Brownstone and Golob，2009；Liu and Shen，2011）等更多复杂模型得到了广泛应用。研究发现，密度较高的地区倾向于消耗较少的石油、排放更少的二氧化碳，而其他地区没有太多强有力的证据。例如，研究表明在巴尔的摩大都市地区，城市形态变量只对车辆行驶里程和能源消耗产生间接影响（Liu and Shen，2011）。

现有文献主要集中研究美国或欧洲国家等发达国家，关于中国城市形态与能源关系方面的研究较为缺乏。2010 年，在济南的家庭调查中，通过对山东省济南市 23 个社区的生活方式和交通 CO_2 排放进行比较分析，发现高密度、土地混合利用和便利的公共交通社区往往能降低家庭和交通的 CO_2 排放量（Guo et al.，2013）。基于案例地北京的家庭调查，通过对不同类型社区和家庭碳排放之间的相关性进行检验，也得出了类似的结论（Qin and Han，2013a）。然而，这些研究大多基于对比分析，使用社区类型而不是具体的城市形态属性作为解释变量，并且没有区分不同出行目的的 CO_2 排放，未探讨其他因素的影响。

总之，相比越来越强调土地利用和空间规划在减缓气候变化中的作用（World Bank，2010；IPCC，2013），实证文献仍然不足，且对规划参数与碳排放之间的关系仍存在争议。大多数研究或聚焦汽车出行，而不太关注来自不同交通模式的 CO_2 排放，或在研究交通 CO_2 排放时未能考虑出行活动的目的。如前所述，城市形态对出行行为的影响因出行目的而不同。例如，工作目的的出行更受制于大都市尺度的整体工作与居住空间的平衡，如接近就业中心；而社区尺度的城市形态，如零售雇佣密度，更能影响如购物和休闲目的的其他出行活动。

四　车辆技术对减少碳排放的影响

车辆技术被广泛视为减少交通碳排放的关键工具，特别是在燃料类型和车辆燃料使用效率方面。例如，英国的政策提倡先进的车辆技术，如插电式混合动力车和全电池电动车，这些技术被视为实现政府设定的 2050 年目标的关键，即在 1990 年的基础上将 CO_2 排放量减少 80%（Anable et al.，2012）。交通碳排放研究多年来一直在探讨技术选择问题，采用了自下而上的系统模型，如 MARKAL 和 TIMES 的综合评估，以探索技术创新对减少碳排放的影响（Labriet et al.，2005；Loulou and Labriet，2008）。有学者在全球能源系统模型中考虑交通部门，将交通系统中的能源选择和能源供应系统与其他地区的一些关键选择联系起来，并表明发展可再生能源的技术比如电能或零排放的氢能以应对气候变化（Hankey and Marshall，2010）。此外，在环境法规的持续压力下，特别是加州空气资源委员会（Californian Air Resources Board）推出的零排放汽车（Zero Emission Vehicle）指令，为低排放汽车（如电动汽车、燃料电池和混合动力汽车）开发了更高效的发动机技术。这些可供选择的能源技术的优缺点也被分析和讨论，并在不同技术情景下探讨它们的减排潜力（Oltra and Jean，2009）。

尽管开发新的汽车技术和提高燃料使用效率已经成为交通部门减少能源消耗和 CO_2 排放的重要方法，但这些减少最终会被不断增长的汽车拥有量、汽车使用、出行频率、出行距离和交通拥堵所抵消（Mitchell et al.，2011）。反弹效应（Rebound Effect）的理论和实证研究对这些技术的有效性提出了许多质疑（Greene，2012；Matiaske et al.，2012）。反弹效应是指由于新技术的引进和能源效率的提高，终端消费者对能源服务的消费增加。这种基本的经济和行为反应往往会抵消技术选择带来的环境效益。据估计，这些适得其反的影响在交通部门尤为突出。使用德国社会经济数据来探索汽车的燃料使用效率对额外出行的影响，发现燃料使用效率对出行里程具有正向影响，意味着在更高效用下，人们的开车距离往往更长，这表明产生了很大的反弹效应（Matiaske et al.，2012）。在澳大利亚的研究案例中，一个将燃料需求、技术效率和汽车质量这三个关键问题联系起来的框架理论被提出，证明了更高效的汽车鼓励消费者扩大对服务的需求以及对质量（更大功率的汽车）的追求（Goerlich and Wirl，2012）。有学者基于欧洲 6 个国家的分析，调查了燃料强度对整体燃油消耗量和汽车客运车辆行驶里程需求的影响，也发现了很大的反弹效应。该研究得出的结论是采用技术标准作为唯一的政策工具，取得的成果有限（Ajanovic and Haas，2012）。

因此，为了应对环境挑战，技术上的改善很可能会随着人类日常活动模式的一些根本性变化而弱化收益（Anderson et al.，1996）。尽管由于技术和燃料使用效率的提高，碳排放量显著减少，但这些减少量最终将被增加的汽车保有量、汽车使用量和交通拥堵所抵消，而这些可能是当今时代最紧迫的环境威胁。如果发展中国家，比如中国和印度，像发达国家那样走汽车依赖的道路，那么技术进步可能无法抵消机动化及随之而来的巨大增长的碳排放量。数以百万计的新车所产生的排放量将完全超过通过提高燃油效率和推进技术进步实现的减排量（Wright and Fulton，2005）。此外，即使技术能够在理论上提供所要求的 CO_2 排放减少量，这仍将是一个困难、昂贵和长期的解决方案，存在许多风险（Chapman，2007）。相反，改善城市空间结构和土地利用模式，通过鼓励低碳出行来减少交通碳排放，被认为是一种成本低效益高的工具（Grazi and van den Bergh，2008；Brownstone and Golob，2009）。这对于正在经历城市空间快速扩张的发展中国家来说显得尤为重要，因为城市空间结构一经形成就很难改变，它对长期的环境结果会产生锁定效应（Lefèvre，2009）。因此，所有这些技术努力都需要通过改善城市形态的物理特性来支持，从而将其破坏性的环境影响降到最低。研究城市形态、出行行为和 CO_2 排放之间的关系是至关重要的。

因此，为了应对气候变化和促进低碳发展，必须更好地了解影响出行行为的因素以及由此产生的碳排放。大量的文献使用不同的数据收集技术和分析模型来探讨城市形态和出行行为之间的关系，它们试图论证较高的人口密度、土地利用混合度和面向步行者的街道设计与较少的私人汽车使用、较短的出行距离、较少的机动出行之间的关系。然而，关于城市形态对日常出行行为的复杂影响这一争论，研究者们还没有完全解决，这主要是由于居民的自选择问题。此外，以往的研究大多以出行为基本研究单元，很少关注基于巡回的分析，而巡回分析更能反映个体日常出行行为的相关决策过程。

同时，为减少交通碳排放，需要研究各种技术途径，如引进新的清洁燃料和提高燃料使用效率。虽然这是一个重要工具，但单靠技术发展并不能显著减少交通 CO_2 的排放量，应该与居民日常出行方式的根本变化相结合。此外，现有文献的研究对象主要集中在发达国家，有关中国城市在这方面的研究较为缺乏。由于中国的城市空间发展模式和个人出行行为常常与发达经济体如美国和欧洲国家不同，所以发达国家的经验教训不宜直接应用到中国。在中国快速城镇化和空间重构的背景下，应该开展更多更深入的研究来更好地理解出行行为。

第三节　城市形态、能源使用和碳排放

一　城市形态和交通 CO_2 排放

目前，大部分文献主要采用技术经济分析方法，从总体上研究燃料税、价格弹性和燃料使用效率对运输能耗和碳排放的影响（Dahl，2012；Sterner，2012）。然而，也有一些研究包含城市形态或土地使用策略的效果。例如，使用交通和环境策略影响模拟器（Transportation and Environment Strategy Impact Simulator，TESIS）——一种用于分析城市地区的各种土地利用、交通和环境政策或情景的综合模型，评估了几种政策工具如燃料使

用效率、碳税、可变用户收费以及公共交通的改善对悉尼大都市区乘客出行距离和 CO_2 排放的影响。结果表明，从 CO_2 排放减少以及政府财政收益的角度来看，技术（即燃料使用效率提高）和价格机制（碳税和可变用户收费）比土地利用策略（即改善公共交通）提供了更具吸引力的前景（Hensher，2008）。类似的研究引入了一种先进的、更复杂的新预测模型——英国交通碳模型（UK Transport Carbon Model，UKTCM）来分析生命周期中的碳排放和外部花费以及不同政策情景对减少能源消耗的影响，结果表明，电动汽车往往是最有效的单一减排策略（Brand et al.，2012）。然而，在确定政策干预的优先次序方面，综合考虑需求方和供应方的政策方法比任何单一的政策干预都要有效得多。

相比之下，也存在一些其他研究，关注个体尺度上的城市形态对家庭出行行为和交通碳排放的影响。例如，基于荷兰 1998 年的家庭调查数据，有学者探讨了城市密度对通勤行为和由出行引起的 CO_2 排放的影响。研究采用工具变量法来解释居住区的内生性，发现高密度的地点往往会导致更低的汽车碳排放（Grazi et al.，2008）。因此，空间规划政策在气候变化的辩论中值得更多的关注，因为它对减少碳排放做出了贡献。也有学者进一步研究了通勤行为的空间结构和能源消耗之间的关系（Boussauw and Witlox，2009）。例如，有学者利用比利时 2001 年的人口普查数据，制定了通勤能源绩效（Commute-Energy Performance，CEP）指数，以说明佛兰德斯和布鲁塞尔交通能耗的城市差异，并证明职住距离是通勤能源绩效的一个非常重要的决定因素，而交通模式选择则不那么重要。此外，住宅密度、干路和轨道网络的可达性对通勤能源绩效会产生影响，但这种影响在不同的地点如郊区或中央商务区存在显著差异。

此外，有学者使用牛津 456 人的调查样本，利用一种创新的方法和评估工具，在 12 个月的时间范围内，从个人日常所有交通模式的出行中分析年温室气体排放，致力于衡量个体和家庭出行活动方式、交通模式选择、地理位置、社会经济以及其他因素对温室气体排放的影响程度。结果表明，飞机和汽车出行在总排放中占据主体，并且群体中的排放分布十分不均匀，前10%的排放者占据总排放的43%，而后10%的排放者只占总排放的1%（Brand and Boardman，2008）。此外，有学者通过进一步分析每个乘客所有模式中非商务活动出行的温室气体排放，发现在不同的分析单元和尺度中存在一个“60－20排放量”规则（处于前20%的排放者产生60%的排放），并论证了收入、工作状态、年龄和汽车拥有量与总排放显著相关，而与可达性、家庭位置和性别关系不显著（Brand and Preston，2010）。

基于2001年美国家庭出行调查数据，有学者应用结构方程模型探讨巴尔的摩大都市区的城市形态对家庭出行和交通能源消耗的影响，发现城市形态对汽车行驶里程和能源消耗量没有直接的影响，但它产生了显著的负面间接影响，这表明城市形态通过速度或车辆拥有量等其他渠道影响家庭出行和能源使用（Liu and Shen，2011）。然而，这一结果至少受到了两个方面的质疑。第一，将人口密度作为唯一的城市形态变量并不合适，因为城市形态需要从多样性、设计性、可达性等多个维度来衡量，仅用人口密度来代表城市形态是远远不够的。第二，将城市形态变量假设为其结构方程模型中的外生变量，也是值得质疑的。由于城市形态、出行行为和交通能耗之间存在相互作用，应将城市形态变量作为内生变量纳入结构方程，以便在考虑居住自选择过程的同时，更好地捕捉城市形态、家庭出行和能源使用之间的真实关系。

通过将上述文献与类似的文献进行对比可以说明这些疑问。例如，有学者使用相同的2001年美国家庭出行调查数据，应用结构方程模型来探究住宅密度对加州汽车使用和能源消耗的影响，发现在将城市形态作为模型中的内生变量来考虑居住自选择时，住宅密度对家庭汽车使用和能源消耗有着直接和显著的负面影响，并且这个总效果能够分解成两条影响路径：家庭汽车行驶里程和车型选择（Brownstone and Golob，2009）。

由此可见，这些实证结果为城市形态对出行行为和交通 CO_2 排放的影响提供了不同的证据。到目前为止，关于城市形态与交通能源使用和碳排放之间的因果关系没有定论。因此，需要更多的实证研究，包括更复杂、更全面的定量模型和详细的行为数据，以检验城市形态与交通 CO_2 排放之间的关系（Liu and Shen，2011）。

二　能源使用和生命周期碳排放

然而，城市形态与能源的关系比前面的讨论更为复杂，因为除了交通能源需求外，城市形态也会影响住宅建筑的能源利用。英国学者首次尝试解释城市形态对不同终端（如交通和建筑部门）能源需求的影响，并探讨了规划师在考虑能源限制时指导可持续建成环境演变的潜力。此外，建成环境的形态也可能是决定各种能源供应和分布技术可行性的重要因素（Owens，1984）。空间变量可能与各种规模的城市发展中的能源需求和能源效率有关，最显著的相互作用是通过日常出行和交通需求以及通过建筑中的能源使用（主要是空间供暖）发生的。这些不同尺度的空间变量包括建筑形态、朝向、选址、布局、密度、分布、形状、规模、区域结构等（Owens，1992b）。

将住宅部门的能源消耗考虑进来是有意义的，这并不出人意料，因为它一般在能源需求中占据大量份额。例如，在英国，建筑能耗占能源消耗总量的50%以上，占污染产生量的同等比例；在欧盟，这一数字为41%，在美国为36%（Steemers，2003）。在国家层面，它占能源消耗总量的16%～50%，全球平均约为30%（Swan and Ugursal，2009）。因此，探索城市形态与住宅建筑能耗的关系具有重要意义。

以英国为例，住房所用能源主要提供4种服务：空间供暖、热水、照明和电器。住宅能源需求主要由空间供暖主导，平均占总能源需求的60%，受城市形态影响最大的是空间供暖，剩余的能源消耗主要取决于居住者的需求（Steemers，2003）。至于空间供暖，独立式住宅比公寓需要更多的能源，露台式住宅或低层公寓可显著降低社区的能源需求；密度和土地利用混合度能够影响城市尺度下大规模的热电联产（Combined Heat and Power）的经济可行性（Owens，1992a）。

拉蒂（C. Ratti）等人指出建筑能源效用（Building Energy Performance）是一个十分复杂的作用（Ratti et al.，2005），它取决于城市几何结构、建筑设计、系统效率、居住者行为。这4点受到建筑行业不同参与者的控制，包括城市规划者和设计者、建筑师、系统工程师、居住者。他们基于数字高程模型（Digital Elevation Models，DEM），试图去探索城市空间机理（Urban Texture）对建筑能源消耗的影响，并提供不同城市区域的能源模拟。还有一个通过三条因果路径将城市形态与住宅能源使用联系起来的概念框架：电力传输和分配损失、不同住宅存量的能源需求以及与城市热岛相关的空间供暖和制冷需求。有研究利用多个国家的数据和多元回归模型，通过住房存量和城市热岛效应，检验了城市扩张对住宅能源使用的影响，证明了独栋住宅和面积大的住宅都会导致较高的能源使用量，这表明了对紧凑型发展战略的支持（Ewing and Rong，2008）。

相比之下，有一些实证研究显示了不同甚至是矛盾的结论。例如，有学者根据对英国家庭能源使用情况的调查，证明在所有类型的住宅中，能源使用和城市形态变量之间只有微弱的相关性，家庭对能源使用的影响往往比对建筑形式的影响大得多（Wright，2008）。通过评估纽约在空间供暖、热水和空间制冷的电能中部分建筑能源使用的最终强度，结果表明，这种最终用途主要取决于建筑功能，而不是建筑类型或建筑年代（Howard et al.，2012）。

另外，就方法论而言，有学者对建筑能耗分析中应用的各种建模和技术进行了全面回顾，大致可以将其分为两类：自上而下和自下而上（Swan and Ugursal，2009）。自上而下的方法将住宅部门视为能源库，并将建筑能耗作为宏观经济指标、能源价格和总体气候等顶层变量的函数进行回归。这种方法不涉及个人的最终用途，主要是基于历史总能源价值所得的能源需求长期预测的供应分析（Swan and Ugursal，2009）。相比之下，自下而上的方法能评估能源消耗，从一系列典型的个人住宅到地区和国家层面，并由两种不同的方法组成：统计方法（比如回归、条件需求分析、神经网络）以及工程方法（比如人口分布、原型、样本）。这种自下而上的方法在研究城市形态和住宅能源使用之间的关系方面具有优势，因为它基于个人住宅的代表性调查数据，通过考虑多个详细的微观层面变量来计算最终用途的能源需求。然而，自下而上的建筑能源使用分析常常达不到标准，一部分原因是收集困难、成本高昂、所选样本具有严格要求、居住者行为主观描述以及能源使用的季节性差异，从而导致调查数据受限（Swan and Ugursal，2009）。

由于空间上的邻近性可以使废热得到经济、有效的再利用，并有助于引入热电联产和区域供热系统，3 种可以提高密度的形态因素被提出：增加建筑深度、增加建筑高度或减少间距、提高紧凑性（Steemers，2003）。此外，研究进一步证明，在英国，高住房密度是可以实现的，而且有利于节能。然而，一些学者认为，由于自然通风和采光受到限制，高密度住房将增加能源需求，建筑能耗更高，太阳能供暖系统有限（Owens，1984；Hui，2001）；而其他学者认为，尽管低密度生活为节能建筑提供了利用太阳能的机会，但长途旅行和机动化模式选择会导致能源需求显著增加（Holden and Norland，2005）。这个悖论暗示了一种可能性，即总能源使用（交通和建筑）处于最低水平；如果将城市形态作为一个政策工具来减少能源使用和碳排放，必须了解其对交通和建筑部门能源使用的影响，并对其进行全面分析（Mitchell，2005）。

有学者使用土地利用—交通交互模型、住宅类型模型以及交通—排放模型，评估了英国 3 个规模较小的地区 2031 年的交通、住宅和商业建筑的碳排放量。有学者发现，城市形态在减少碳排放方面是一个相对较弱的工具，相比之下，经济和技术手段在减少碳排放方面比城市形态更为有力（Mitchell et al.，2011）。此外，也有研究考虑交通和建筑并估计美国66个主要大都市区的碳排放，发现碳排放和土地利用规划之间存在强烈的负相关关系；城市的碳排放量比郊区低得多，而老城区的城乡差距尤其大（Glaeser and Kahn，2010）。

一般而言，建筑部门所提及的能源有两类：一类是运行能源（Operational Energy），指用于供暖、制冷、照明和家用电器的能源；另一类是内生能源（Embodied Energy），指建筑产品在制造过程中所使用的能源。虽然内生能源也受到一些研究者的重视，但与涉及运行能源的文献相比，对内生能源利用的研究还不多见。在城市形态、城市建筑存量和城市消费模式对城市能源和材料使用的影响研究中，社会经济变量（尤其是家庭收入）被指出与内生能源和材料使用密切相关（Weisz and Steinberger，2010）。

有学者通过估算澳大利亚6个案例地区由建筑和交通部门产生的内生能源和运行能源，试图充分理解不同建筑形态对能源的影响，发现内生能源消耗可能比之前认为的更重要，并且对能源的充分分析能够被当作规划系统中的发展控制工具（Troy et al.，2003）。同样，也有学者提供了城市密度对总能源使用和温室气体排放的一种相对完整的理解，能源使用与温室气体排放来自基础设施建筑耗材、建筑运行以及交通。通过应用经济投入—产出生命周期评估模型，有学者比较了靠近城市核心区的高密度发展与郊区周边低密度发展的能源使用和温室气体排放，发现在人均基础上，低密度发展比高密度发展更需要能源，要排放更多的温室气体（Norman et al.，2006）。

综上所述，由于建筑能源使用是许多因素的复杂函数，所以很难通过控制其他因素来确定城市形态对住宅能源使用的确切边际效应（Rickwood et al.，2008）。城市形态对住宅能源使用的影响依旧是模糊不清的。尽管人们越来越重视城市规划在缓解气候变化方面的潜力，但实证研究仍然不足，关于规划参数与碳排放之间关系的讨论尚未得到充分解决。以往的研究要么只关注汽车出行，对其他交通方式（如地铁、公交、摩托车）的 CO_2 排放关注较少，要么没有考虑交通 CO_2 排放的出行目的。而且，许多现存的城市形态与能源关系的文献大部分关注发达经济体，而只有一小部分最近的研究探索了中国快速城镇化和空间重构背景下不同类型社区和家庭碳排放之间的相互联系，表明高密度、高土地利用混合度和高公共交通可达性的社区家庭的交通 CO_2 排放量往往较低。

城市形态可能对建筑和交通产生的能源使用和碳排放有复杂和交互的影响，因此在探讨城市形态与能源关系的同时考虑建筑和交通部门是十分重要的。但是本书存在一些不足，即存在研究区域缺乏建筑能源数据等实际限制，主要是调查城市形态与出行行为的关系以探索交通 CO_2 排放。本书最后一章将对建筑能源问题进行反思。

第四节　城市研究和交通预测的微观模拟

一　空间微观模拟

空间微观模拟是一种利用模拟技术再现或预测动态复杂系统的计算过程，其方法是将个人、家庭和企业等微观层面的单元作为基本分析单位（Merz，1991；Guo and Bhat，2007）。该方法最初在经济学领域中发展起来（Orcutt，1957），之后被广泛应用于地理学（Birkin and Clarke，1988；Ballas and Clarke，2000；Wu et al.，2008）和社会科学（Brown and Harding，2002；Rakowski et al.，2010）。例如，有学者利用 1991 年英国人口普查小区域统计数据（Census Small Area Statistics）和家庭调查面板数据（British Household Panel Survey），应用确定性加权方法（Deterministic Reweighting

Method）在空间和动态上模拟了 2021 年英国在小区域水平上的全部人口（Ballas et al.，2005）。相较于其他方法，空间微观模拟可以在不同空间尺度下针对不同属性的人群进行模拟研究，在空间分析、政策评估等方面具有明显优势，同时也可以用来进行长期预测和动态分析（Miller et al.，2004；Mannion et al.，2012）。

在交通领域，自 20 世纪 90 年代起，交通拥堵、空气污染和能源消耗等问题引起了人们对出行微观模拟的兴趣（Goulias，1992；Kitamura et al.，2000）。各种城市出行行为模型在微观模拟框架中得到了越来越多的发展和应用，这些模型有着共同的目标，即复制时间、空间和模式选择，以模拟居民活动出行模式（Miller and Roorda，2003；Miller et al.，2004）。例如，微观综合人口统计系统（Microanalytic Integrated Demographic Accounting System，MIDAS）是一种新的出行需求预测模型，试图将出行行为的动态模型与社会人口和经济微观模拟相结合（Goulias，1992）。MIDAS 利用简单 Logit 模型确定家庭变化概率，动态模拟家庭成员社会人口属性的生活变化，然后利用这些内生属性预测家庭汽车拥有量和流动性。其他微观模拟模型包括基于微观模拟的日常活动模式的区域规划模型（Regional Planning Model Based on the Micro-Simulation of Daily Activity Patterns），该模型用于预测荷兰埃因霍温地区个人活动的空间分布和相关交通流动（Veldhuisen et al.，2000）。

在一篇综述文章里，详细地评价了为城市建模而设计的可操作和综合的微观模拟系统框架，比如 ITLUP、ILUTE、MEPLAN 和 UrbanSim（Hunt et al.，2005）。但是本章将重点介绍两个综合的、值得注意的微观模拟模型系统——UrbanSim 和 CEMDAP，用于非汇总分析（Disaggregate Analysis）和出行需求预测。

（一）UrbanSim

UrbanSim 是一个动态的城市模拟系统，用于模拟美国几个大都市区的土地利用、交通和环境的发展以及相互影响（Waddell et al.，2003）。它是一个综合的、可操作的城市模拟系统，包含不同的城市行为角色（比如家庭、开发商、政府），并呈现了它们在房地产市场和城市发展动态过程中的相互作用（Waddell，2002）。它的目的是应对城市扩张、交通拥堵、住房负担以及资源消耗等新兴问题，并且有助于大都市规划组织和城市规划者评估备选的交通和土地利用政策情景的长期结果（Noth et al.，2003）。

UrbanSim 由一个用于实现模型的软件架构和一组交互模型组件组成，这些组件代表城市系统中的主要参与者和选择（Waddell，2002）。UrbanSim 主要关注的是在不平衡的城市市场中模拟家庭和就业流动以及区位选择之间的相互作用。例如，有研究使用来自俄勒冈州大都市区尤金－斯普林菲尔德在地区水平上的土地利用数据，模拟了房地产需求和供应之间的相互作用，该模型采用了按年度时间表运行的已开发 UrbanSim 模型的住宅和住房市场组成部分（Waddell，2000）。

然而，日常活动和出行模式被当作 UrbanSim 中的外部输入，并仍然处于开发中。在一个互相依赖的框架里，通过家庭内部住房和工作地点的选择以及车辆拥有情况来模拟和预测个人的出行模式（Waddell et al.，2010）。巡回分析（Tour Analysis）提高了对出行行为的理解和预测，如上所述，UrbanSim 使用出行而不是巡回作为出行需求分析的基本单位，并且该系统在框架中较少考虑交通 CO_2 排放量。

（二）CEMDAP

CEMDAP（Comprehensive Econometric Microsimulator for Daily Activity-Travel Patterns）是美国得克萨斯大学奥斯汀分校开发的静态的、可操作的微观模拟系统，用于基于活动的出行需求建模和预测（Bhat et al.，2004）。它是一组计量经济模型的软件系统，该模型代表了整个决策过程，并通过将各种土地利用特征、社会人口统计学属性和交通服务纳入系统，为个人和家庭提供了完整的日常活动出行模式（Bhat et al.，2004）。CEMDAP 由 5

种计量经济学模型组成，包括回归模型、风险持续时间模型、多项式对数模型、有序概率模型和选址模型。每一种模型对应一个或是多个个体或家庭的活动/出行决定，而且这些模型可大致分成 2 个系统：生成—分配模型系统（Generation-Allocation Model System）和行程安排模型系统（Scheduling Model System）（Pinjari et al. , 2008）。

此外，考虑到诸如工作或学校之类的户外强制性活动对参加其他类型的活动施加了限制，并且可能对决策者进行和安排其他活动产生重大影响，因此，CEMDAP 建模系统首次分别用不同的框架模拟有工作和没有工作的居民的活动出行模式（Guo and Bhat，2001）。在这个系统中，有工作的居民一天被分成了 5 段（工作之前的时期、从家到工作单位的通勤、工作期间、从工作单位到家的通勤以及工作之后的时期），并且工作者的活动出行模式由三个水平结构所代表：停留点、出行和模式。非工作者的日常活动出行模式简单地考虑为以一系列基于家庭的出行为特点（Bhat et al. , 2004）。但是，仅考虑早上通勤和晚上通勤可能并不适合在不同城市环境下具有不同社会人口统计特征的所有工作者，因为他们的某些通勤方式可能包括在一个典型的工作日中进行的两个以上通勤决定，尤其是在中国快速城镇化和空间重构的背景下。

总而言之，世界上各个国家尤其是发达国家，为城市与政策相关的分析和交通预测目的而开发不同微观模拟模型系统做出了大量的努力。尽管 UrbanSim 专注于家庭和就业移动以及地点选择之间的相互影响，但它的出行预测框架依旧把出行当作分析的基本单元。至于专注于离散活动出行需求预测目的的系统，CEMDAP 代表了一个综合的、具有前景的系统，该系统将家庭活动、土地利用模式、区域人口统计数据和交通网络整合在一个明确的时间框架中。但是，这些建模系统很少考虑出行行为的空间维度。在 CEMDAP 系统中，其“早间通勤 + 晚间通勤”分析未涵盖与中国居民相关的出行方式，具体讨论如本书第四章的基于出行链的居民日常出行行为分析所示。

此外，当这些微观模拟系统使用蒙特卡罗模拟（Monte Carlo Simulation）用于合成出行模式时，它们需要出行数据的大量样本来得出所需的条件或过渡概率，并且这些微观模拟系统很少在它们的框架中考虑到交通 CO_2 排放。因此，应开发更加综合的、非汇总的、可操作的微观模拟系统来模拟个体的日常出行行为，并有效和动态地评估与他们相关的 CO_2 排放。

二　发展中国家的微观模拟研究

尽管在转型中的经济体和发展中国家中交通问题很严重，但是出行的微观模拟研究至今主要集中于发达国家（Yagi and Mohammadian，2010）。对发展中国家的交通问题缺乏微观模拟应用有几个可能的原因。第一，在技术方面缺乏专业知识，模型开发具有挑战性，需要高水平的编程技能。第二，很少有公开可用的软件适用于交通微观模拟研究，而部分已存在的模型，如上文讨论的 UrbanSim 和 CEMDAP，具有严格的设计，通常需要非常具体的大样本数据集（Geard et al.，2013）。第三，缺乏合适规模的数据。空间微观模拟将个体、家庭或公司作为一个基本分析单元（Merz，1991），并且需要微观尺度下的详细信息。然而，许多国家尤其是发展中国家通常缺乏大量微观尺度的数据集。在中国，没有国家层面的出行调查或是政府公开的关于详细出行信息的大样本数据（Pucher et al.，2007；龙瀛等，2011）。即使是每十年进行一次人口普查，中国政府也只公布相对较大尺度（如城市）的一些特定的人口统计表，而不公布精细尺度下收集的信息，这进一步限制了微观模拟技术的使用。

然而，一些学者尝试通过其他方法来解决这个数据问题。例如，有学者使用 1990 年的人口普查和美国公开使用的微观数据样本，应用迭代比例拟合（Iterative Proportional Fitting）生成个体和家庭的合成基准线人口，以便评估未来的出行需求（Beckman et al.，1996）。又如，有研究使用 1991

年匿名记录的样本和小区域统计样本，利用迭代比例拟合技术合成了英国利兹的家庭微观人口，并使用这个虚拟人口在小区域范围内进行了经济政策分析，估算了当地劳动力市场的主要变化（失业或创业）对就业模式和收入的地理影响（Ballas and Clarke，2001）。此外，在最近的一个研究里，使用空间微观模拟来分析英国不同尺度下人们的日常通勤模式，并对通勤行为的空间变化及其与社会人口属性（比如收入、汽车类型、儿童数量）的关系进行了分析和预测（Lovelace et al.，2014）。也有部分学者对使用合成重构（Synthetic Reconstruction）和加权技术合成空间微观数据的方法进行了批判性评述（Hermes and Poulsen，2012）。

在西方发达国家，空间微观模拟已被广泛应用，以更好地了解和估算大样本人口的日常出行行为。然而，对于发展中国家来说，在精细的空间尺度下对城市交通 CO_2 排放量进行空间微观模拟的研究很少。目前主要的方法仍然是利用小样本调查进行计量经济学建模，并对过去和未来的排放量进行总体或粗略的模拟（Dhakal，2009；Yan and Crookes，2009）。例如，一些学者开发了一个多主体模型（Multi-Agent Model），在城市内部的尺度下分析城市形态、居民通勤能耗和环境的影响（龙瀛等，2011）；利用聚合数据和小规模调查，将大量具有非空间属性和空间属性的代理人进行分解，用于未来的微观模拟或基于代理人的建模分析（Long and Shen，2013）。但是，很少有人在精细的地理尺度下通过空间微观模拟研究大样本人口的日常出行行为和随之产生的 CO_2 排放的关系，此类研究在发展中国家极为缺乏，而发展中国家人们的出行行为可能与西方发达国家的模型所呈现的有很大不同。

三　小结

空间微观模拟技术将个体或家庭作为基本的分析单元，是生成长期非汇总预测的有效工具（Ballas et al.，2005）。在确定性加权、条件概率

（Conditional Probability）或模拟退火算法等一些综合技术的基础上，空间微观模拟可以通过将小样本调查和人口普查数据相结合，合成大样本个体水平数据。它还可以进行静态和动态模拟分析，以探索不同年份的政策方案对虚拟人口的影响，并通过长期更新基本微观数据集来执行面向未来的假设分析（Ballas and Clarke，2001）。

一般来说，模拟退火算法在不同地理尺度下合成微观数据最为有效。与确定性加权和蒙特卡罗模拟相比，它具有一些主要优势，例如包含了Metropolis算法，该算法允许在寻求最优组合过程中同时前进或后退，对选取的约束变量的整体拟合优度同时进行评估，并在保持调查样本丰富属性的同时，生成真实的人口数据信息。然而，大多数先前的模拟研究或建模系统应用确定性加权或蒙特卡罗模拟来创建虚拟人口，这可能会产生很大误差。本书主要采用模拟退火算法生成精细地理尺度下的空间微观数据，并采用一种新的微观模拟建模系统，即可变模型框架（Flexible Modeling Framework，FMF）对中国城市空间的居民日常出行行为和交通 CO_2 排放进行微观模拟研究。

此外，中国成为世界 CO_2 排放的主要来源国之一（Yan and Crookes，2010），因此更好地理解城市形态与居民日常出行的关系，以及评估空间发展政策对交通 CO_2 排放的影响及减排潜力十分重要。因此，本书的目的是在中国的背景下开发一个日常出行行为和交通 CO_2 排放的空间微观模拟系统，并进行微观尺度的空间分析和动态模拟，为城市规划和交通政策评估提供科学依据。

第三章
研究区域和数据

第一节　研究设计

本章介绍了本书的研究区域和数据来源。如前面章节所写，交通问题（比如能源消耗、空气污染、交通拥堵）在转型中的经济体和发展中国家普遍更为严重，但关于城市形态、出行行为和 CO_2 排放的研究主要集中在发达国家，特别是美国和欧洲国家。然而，发展中国家的城市空间结构和个体日常出行行为与发达国家相比存在较大差异（Pan et al.，2009；Qin and Han，2013a，2013b）。因此，从发达国家研究中吸取的教训不能不加批判地应用到发展中国家。对于中国来说，需要更好地理解城市形态与交通出行的关系以及 CO_2 排放量的估计，以便为制定空间发展政策提供依据。

图 3－1 展示了本书的总体研究设计，主要包括三个部分。

第一部分内容包含不同的数据集和模型，用于实现不同的研究目标。总体而言，首先利用活动日志调查和土地利用数据，研究家庭、个人的社会人口学特征和城市形态特征与出行决策的关系。这部分内容旨在剖析人们日常出行链的重要解释因子。由于人们的出行频率和出行模式选择是一个多元分类选择（Discrete Multi-Dimensional Choice）问题，采用离散选择模型较为合适。此外，采用结构方程模型进一步探讨城市形态和社会经济属性特征对交通出行和碳排放的影响机理。

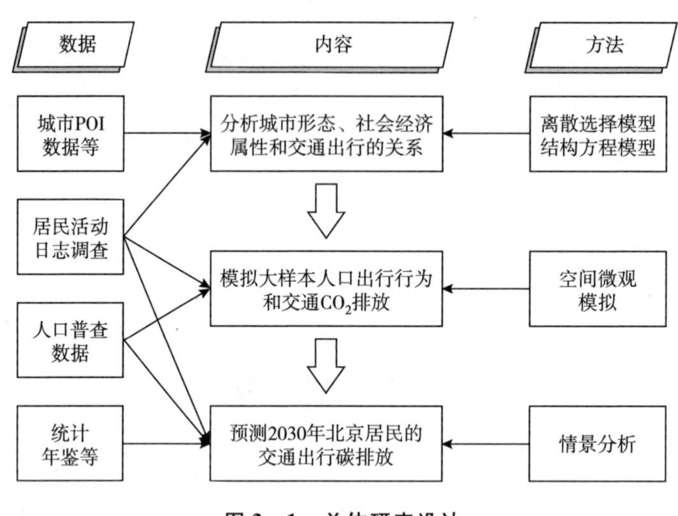

图 3-1 总体研究设计

资料来源：作者自绘。

第二部分内容包含模拟大样本居民的日常出行行为以及交通 CO_2 排放，主要通过对人们日常出行行为的空间微观模拟来实现。利用街道尺度的人口普查数据和活动日志调查，采用模拟退火算法，在精细的空间尺度下合成一个仿真的虚拟人口数据集。空间微观模拟的约束条件（Constrained Variables）是家庭和个人的社会人口属性，即在第一部分内容中被证实为影响人们日常出行行为的重要解释因子。然后在街道尺度下对居民的日常出行，包括出行距离和出行方式选择进行空间模拟，并进一步模拟和估算北京市 2000 ~ 2010 年大样本居民日常出行产生的交通 CO_2 排放量。

第三部分内容主要利用情景分析技术评估 2030 年不同政策情景下乘客出行行为产生的交通 CO_2 排放量。这一部分提出了 4 种情景（交通政策趋势、土地利用和交通政策、城市紧凑发展和车辆技术，以及组合政策），探讨当前和潜在的交通政策、城市发展模式和车辆技术对出行行为和交通 CO_2 排放的影响。对这些情景的分析有助于更好地了解各种因素对日常出行行为和 CO_2 排放总量的影响，并为国家和地方政府制定 CO_2 减排目标提供政策建议。

与已有研究相比，本书研究有助于在非汇总层面对出行行为进行更详细的解释，为微观个体的日常出行行为提供更好的交通 CO_2 排放估算方法，同时针对不同政策、策略或技术的减排效应进行更准确的评估。此外，虽然交通 CO_2 排放是本书的研究重点，但所提出的方法也有助于估算与当地空气质量相关的其他污染物（如 CO、NOx）的排放量，或确定未来交通拥堵可能更加严重的地理区域。

第二节　研究区域

中国的主要城市包括北京等超大城市，为快速的城市重构背景下研究城市空间组织在缓解气候变化中的作用提供了有趣的案例。目前，中国成为世界 CO_2 排放的主要来源国之一（Yan and Crookes，2010），且城镇化进程将继续增加 CO_2 排放量。到 2020 年，中国城市人口已增长到 9 亿以上，城镇化率从 2007 年的 44.9% 上升到 2020 年的 63.9%。[①] 与此同时，快速的城市空间扩张提高了对通勤和非工作出行的需求（Pan et al.，2009；Wang and Chai，2009）。随着出行需求和汽车保有量的增加，未来 10 年城市交通可能会在中国城市碳排放中贡献更大的份额。这种趋势引起了人们对环境、交通和气候变化可能产生影响的极大关注（Chen et al.，2008；Creutzig and He，2009）。

本书选择中国首都北京作为案例研究区域。北京是中国城镇化和经济快速增长的代表性城市，受生活方式和空间结构变化的影响，能源消耗和碳排放不断增加（Feng et al.，2013）。在过去 20 年里，北京经历了快速的城市扩张。其城镇化面积在 1998 ~ 2008 年增长了将近 2 倍，从 488 平方

① 数据来源于《中国统计年鉴 2008》《中国统计年鉴 2021》。

公里增加到1311平方公里。[①] 在城市土地改革、住房改革和经济结构调整的推动下，20世纪90年代，产业分散和住房郊区化进程加快（Zhou and Ma，2000）。高新技术产业区和住房主要建立在郊区，但第三产业工业用地再开发所带来的就业机会仍留在市中心，导致职住空间分离（Zhao et al.，2010；Wang et al.，2011a）。与此同时，2000～2010年，北京的公共交通快速发展，已有14条地铁线的行程达336000米，有21548辆公共汽车为713条公共汽车线提供服务。[②] 北京的地带结构由同心的动脉环行道路形成，并通过辐射状高速公路和轻轨相连（Wang et al.，2011b）。人们越来越依赖汽车，尤其是私人汽车，在2004～2009年私人汽车的拥有量以2倍的速度增加到300万辆[③]，随之而来的交通拥堵和污染已成为城市区域亟须解决的问题。

在快速的城市扩张背景下，北京郊区具有低密度、土地单一利用的特点（Zhao，2010）。与西方城市相比，北京和其他中国城市的传统城市空间具有土地混合利用、服务设施多样化和方便步行的街道设计特点。例如，北京市中心城区有历史悠久的胡同院落，建于1949年以前，是高密度、低层的四合院住宅（见图3－2A）。通常，几户人家共用一个大胡同庭院，十分拥挤。单位住房是中国历史空间遗产（Wang and Chai，2009），同一工作单位的员工在同一个院落中工作和生活，享受工作单位提供的服务设施和福利（见图3－2B）。单位曾经是中国城市经济、社会和空间组织的基本单位（Chai，2013；Bray，2005）。工作单位不仅为员工提供工作场所，还提供一整套福利和服务，包括住房、餐饮、医疗、学校、杂货店和休闲设施。单位员工工作和居住均在他们所属的工作单位大院内，可以享受较短的职住距离和完善的院内服务。但是自20世纪80年代以

① 数据来源于《中国统计年鉴1999》《中国统计年鉴2009》。

② 数据来源于《北京统计年鉴2011》。

③ 数据来源于《北京统计年鉴2010》。

来，社会福利职能逐渐从工作单位中移除，单位从一个多功能的工作单位转变为员工的工作场所。1998 年，政府正式取消了单位为员工提供住房的功能，此后单位的新员工不得不在住房市场上购买或租赁住房（Wang and Chai，2009）。

在改革开放时期（自 20 世纪 90 年代起），中国的城市规划实践引入了西方规划的观念，比如土地利用分区。此后北京市建成的郊区社区大多采用市场化的商品房开发模式，遵循单一用途、大批量住宅开发、汽车化街道设计的模式（见图 3 -2C）。此外，自 90 年代末开始实施的经济适用住房项目往往位于城市边缘地带，目的是降低与土地有关的开发成本并分散市中心的人口（见图 3 -2D）。同时，传统的胡同院落和工作单位大院并没有在改革后的城市空间中完全消失。这些街区的城市形态特征在密

A	B
C	D

A－城市内部的胡同院落
B－一个政府机构的单位大院
C－西北郊的商品房社区
D－北京市北部边缘的经济适用住房

图 3 -2　北京城市社区的四种类型

资料来源：作者自绘。

度、土地利用结构、设计（例如房屋高度、道路宽度、街道连接）和公共交通可达性等方面存在差异。不同类型的街区的共存导致了复杂的城市景观，有利于研究土地利用对出行行为的影响。

整体而言，北京可分成三个区域：中心城区、近郊区和远郊区（Zhao et al.，2010）。中心城区由东城、西城、崇文和宣武四个城区组成[①]，坐落于内城并代表传统的城市空间。近郊区包含东北的朝阳区（北京国际机场所在地、海外投资企业集聚的新商务区）、西北的海淀区（科研院所、大学和高新科技公司集聚地）、西南的丰台区（这里有一个已建成的主要开发区用来引进国内外投资）和在西边离中心较远的石景山区（北京主要的重工业企业所在地）（Wang and Chai，2009）。2000 年中心城区和近郊区的住宅占所有住宅的 63%[②]，近郊区是 20 世纪 80 年代城市扩张的主要部分。远郊区则包含北京市较为偏远的区县。

北京市各区差别较大，面积从 16 平方公里到 470 平方公里不等，人口分布也存在较大的空间分异特征。但是在更精细的空间尺度下，各区内部街道均有相似的地理区域和人数（平均约为 8 平方公里和 54000 个居民）。本书使用较小的地理尺度，即北京的街道[③]作为微观模拟研究中的基本地理单元，涉及的研究区域和模拟人口主要集中于北京的中心城区和近郊区，在 2000 年共有 146 个街道，其中有许多位于朝阳区和海淀区。

---

① 2010 年，北京市政府调整了中心城区的行政区划。崇文区和东城区合并为东城区，宣武区和西城区合并为西城区。其他分区保持不变。

② 数据来源于《中国统计年鉴 2001》。

③ 北京市有 16 个市辖区，每个区又包括若干个街道，这些街道是北京市的基本行政单位。每个街道的人口普查数据都收集了包括街道（城市地区）和乡镇（农村城镇）在内的人口属性特征。

第三节 数据来源

一 活动日志调查

本书采用2007年在北京市进行的活动日志调查数据，以捕捉个人的日常出行行为并估计与其相关的 CO_2 排放量。该调查是北京大学行为地理学研究小组于2007年设计和实施，目的是提高对居民出行行为的理解。调查采用分层抽样。首先，根据位置、建设年份、建筑类型、住房使用结构和土地利用特征选择10个代表性社区（见表3-1），目的是覆盖北京城区不同的住宅类型。其中，2个胡同院落社区——交道口和前海北沿均位于北京市二环以内；4个单位大院社区包括二环与三环之间的三里河、和平里，南三环的同仁园和四环西北部的燕东园；4个城郊社区包括2个商品房社区方舟苑和当代城市家园，以及2个经济适用房社区望京花园和回龙观。其中，回龙观相对来说位于距市中心最远的地方。

表3-1 10个社区的基本特点

社区	建筑年份	建筑类型	住房类型	有效样本（个）
交道口（JDK）	1949年之前	单层小屋	流动人口、老年人或低收入人口	115
前海北沿（QHBY）	1949年之前	单层小屋	流动人口、老年人或低收入人口	103
燕东园（YDY）	1970~1980年	多层公寓	大学员工和他们的家庭	100
同仁园（TRY）	1970~1990年	多层或高层公寓	工厂的员工和退休者	132
三里河（SLH）	1950~1960年；20世纪90年代	多层或高层公寓	不同政府机构的员工和他们的家庭	96

续表

社区	建筑年份	建筑类型	住房类型	有效样本（个）
和平里（HPL）	1950～1960年；20世纪90年代	多层或高层公寓	不同国企的员工和他们的家庭	99
当代城市家园（DCJ）	2000年初	多层或高层公寓	白领或是高收入的私营企业家	91
方舟苑（FZY）	1990年末至2000年初	高层公寓	白领或是高收入的私营企业家	117
望京花园（WJHY）	2000年初	高层公寓	中等和低等收入的城市居民	133
回龙观（HLG）	1990年末	多层公寓	中等和低等收入的年轻或中年居民	133

资料来源：根据活动日志调查数据整理绘制。

调查小组在每个社区随机选择60个家庭来填写问卷，每个16岁及以上的家庭成员提供有关家庭和个人社会人口统计属性、通勤、购物和休闲活动等信息，以及周日（代表非工作日）和周一（代表工作日）的连续48小时的活动出行记录。总计有520户家庭中的1119人返回有效问卷，有效率为86.7%。本书的研究主要基于工作日的出行行为，共有1962次外出出行，其中工作相关出行（即工作或学习）有982次，非工作相关出行（即购物、休闲等）有980次。

二　土地利用数据

基于GIS空间分析，利用不同来源的数据，可得出居住区和工作场所邻里尺度下土地利用特征的多维测度。例如，2000年，第五次全国人口普查的北京市主要街道的人口密度表明，城市四环路内大多数街道的特点是人口密度高，与郊区的低密度形成鲜明对比（除了一些坐落于五环附近、海淀区西北部的街道，其被当作另一个副中心）。

利用2001年北京市统计局的基本经济单位普查数据，计算不同地点的零售雇佣密度、服务设施（例如医院、银行、邮局、图书馆、体育馆和餐厅）密度和可达性。该数据库包含了大约20万个经济单位的地理位置和属性信息，经济单位指的是公司、工厂、商店、餐馆、医院、银行等。例如，就业居民的工作场所分布及其工作场所的零售雇佣密度，以1公里半径内每千名居民的零售雇员人数来衡量，这一变量通常被视为土地利用结构的代表（Krizek，2003）。结果表明，这些居民大多在五环内工作（四环内密度最高），但在五环以北还有一个密度较低的集群。此外，地铁信息从北京市交通局收集，然后进行地理编码，以得到每个地区的地铁可达性指数。到就业次中心的距离通过从每个社区到就业次中心的直线距离来计算，基于《北京城市总体规划（2004年—2020年）》确定次中心的位置。

表3-2比较了10个调查社区的土地利用特点。总体而言，胡同院落和单位大院是传统的土地利用类型，不仅因为它们建于1978年改革开放之前并坐落在市中心附近，还因为它们具有高人口密度、高土地利用混合度、接近零售和服务业、公共交通的可达性高、方便步行的街道设计等特点。例如，调查中所有的单位大院在1000米范围内有地铁站，胡同院落和单位大院距离人口密集的市中心更近，零售雇佣密度和休闲设施可达性更高。

表3-2　调查社区的土地利用特点

被调查社区	社区类型	人口密度（千人/公里^2）	到最近地铁站的距离（公里）	零售雇佣密度［人/（公里^2·千人）］	到最近休闲设施的距离（公里）
交道口	胡同院落	27.460	1.033	21.909	0.647
前海北沿	胡同院落	18.986	1.243	13.920	0.113
燕东园	单位大院	15.896	0.586	5.175	0.123
同仁园	单位大院	13.733	0.187	9.897	0.082
三里河	单位大院	26.259	0.856	28.257	0.632

续表

被调查社区	社区类型	人口密度（千人/公里^2）	到最近地铁站的距离（公里）	零售雇佣密度［人/（公里^2·千人）］	到最近休闲设施的距离（公里）
和平里	单位大院	20.949	0.442	16.806	0.714
当代城市家园	商品房	44.785	0.979	4.097	3.072
方舟苑	商品房	2.166	2.266	4.734	0.171
望京花园	经济适用房	8.947	2.309	1.423	1.143
回龙观	经济适用房	2.147	0.934	0.005	5.330

资料来源：根据高德地图兴趣点（POI）数据整理计算。

相比之下，自1990年以来建造的商品房和经济适用房社区，往往沿袭西方的规划模式，这种模式一直持续到20世纪和21世纪之交，主要是单一功能的土地利用和以汽车为导向的街道设计。这些社区的人口密度较低（只有一个例外），而按零售雇佣密度衡量的土地利用混合度也较低（见表3-2）。回龙观是一个典型的单一功能土地利用、大区域住宅开发的例子，是众多郊区居民区中的一个，为了将人口从中心城区分散出去而发展成为“睡城”。住宅用地占其土地面积的85%，其中12%用于零售和休闲服务，仅3%用于交通和其他设施（中国城市科学研究会，2009）。

三　人口普查数据

本书使用的其他数据集来自2000年北京市第五次全国人口普查和2010年第六次全国人口普查。人口普查采用分层抽样的方式，覆盖北京市所有区县和村庄，共分为四类不同数据采集的子调查。所有人都必须填写简短的人口普查表（即短表），其中包含家庭和个人社会人口学特征的基本信息，如性别、年龄、教育和住房面积。在每个分区随机抽取10%的人口样本，以填写冗长的普查表格（即长表），该表格要求提供有关人口和经济属性的额外信息，包括就业、职业和家庭支出等。此外，还有一份死亡调查问卷和一份附表，分别用于估计死亡率和临时居住人口。本书主要使用了包含10%的人口样本的长表数据，因为它包含了丰富的社会经济人口属性，如表3-3所示。基于本书的研究区域主要包括城八区，2000年人口普查样本包括北京市辖区146个街道15岁及以上居民721894人，2010年人口普查样本包括1006036名居民。

表3-3　人口普查和活动日志调查的主要社会经济属性

单位：人

变量	人口普查数据		活动日志调查	
	类别	总数	类别	总数
个体水平				
性别（0~14岁）	男性	47086	无	
	女性	43270		
性别（15岁及以上）	男性	379227	男性	503
	女性	342667	女性	523
年龄	0~4岁	23517	无	
	5~9岁	26552		
	10~14岁	40287		
	15~19岁	76471	15~18岁	28
	20~24岁	85727	19~29岁	163
	25~29岁	78961		
	30~34岁	77452	30~39岁	280
	35~39岁	84848		
	40~44岁	76254	40~49岁	226
	45~49岁	65755		
	50~54岁	39593	50~59岁	217
	55~59岁	29079		
	60~64岁	35799	60岁及以上	112
	65岁及以上	71955		
受教育程度（6~14岁）	文盲	29589	无	
	小学	40237		
	初中	20273		
	高中及以上	257		

续表

变量	人口普查数据		活动日志调查	
	类别	总数	类别	总数
受教育程度（15岁及以上）	小学及以下	91561	小学及以下	19
	初中	223108	初中	101
	高中	217302	高中	262
	本科	80595	本科	222
	本科以上	109328	本科以上	422
就业（15岁及以上）	受雇佣	500782	受雇佣	746
	无工作	71415	无工作	49
	退休	138759	退休	195
	其他	10938	其他	36
职业（15岁及以上）	学生	78294	学生	42
	政府和公共机构的在职人员	181548	政府和公共机构的在职人员	344
	工厂、服务公司和其他企业的在职人员	240940	工厂、服务公司和其他企业的在职人员	360
总计	个体（0~14岁）	90356	个体（0~14岁）	0
	个体（15岁及以上）	721894	个体（15岁及以上）	1026
家庭水平				
住房规模（米^2/人）	≤12	43957	≤12	88
	13~19	57554	13~19	84
	20~29	53788	20~29	150
	30~39	41086	30~39	98
	40	57681	40	83
住房类型	自建	32152	自建	20
	买商品房	4078	买商品房	104
	买经济适用房	4309	买经济适用房	82
	买公住房	93509	买公住房	155
	租公住房	91653	租公住房	107
	租商品房	18882	租商品房	20
	其他	9483	其他	15

续表

变量	人口普查数据		活动日志调查	
	类别	总数	类别	总数
家里的儿童情况（0～5岁）	无		是	104
			否	399
家里的儿童情况（6～12岁）	无		是	63
			否	440
汽车拥有情况	无		是	186
			否	317
总计	家庭	254066	家庭	503

资料来源：根据2000年北京市第五次全国人口普查数据和2007年活动日志调查数据整理绘制。

表3－3总结了2007年活动日志调查和2000年人口普查的主要社会经济属性。年龄在14岁及以下的人不包含在此次活动日志调查中。但是对于15岁及以上的人来说，这两个数据集都包含共同的社会人口学特征，例如性别、年龄、受教育程度、就业和职业。家庭层面的属性如住房规模和住房类型也出现在这两个数据集中，而家里的儿童情况和汽车拥有情况仅在活动日志调查中提供。活动日志调查也包含关于日常出行行为的信息，比如出行目的、出行频率、出行距离、模式选择、起止时间，这些数据在人口普查中并不包含。

四 《北京统计年鉴》

《北京统计年鉴》自1978年起每年由政府出版。年鉴中包含了许多关于人口、经济、能源、环境、金融、公共服务、工业、交通、建筑等方面的信息。年鉴中的人口总量、GDP、人均GDP、人均可支配收入、出生率、死亡率、车辆保有量等指标，通常只公布市级或区级的数据。

第四节 小结

本章主要介绍了本书的总体研究区域和数据来源，为后续对出行行为和 CO_2 排放进行实证分析奠定了基础。为了综合分析并动态模拟中国城市的城市形态、日常出行行为和交通 CO_2 排放，本书采用了多种方法进行研究，这些方法是用于相关研究最合适的工具；同时它们互为补充，且可以协同运行。利用这套技术工具，我们可以全面调查社会人口、城市形态和出行行为之间的关系，根据个人的日常出行行为模拟交通 CO_2 排放量，并有效评估不同政策、策略或技术对未来交通 CO_2 排放的影响。

此外，本书使用了多个数据来源，比如活动日志调查、土地利用数据和人口普查数据等。尽管这些数据存在时间上的不匹配，但是，已是可用于当前研究的有效数据集。由于中国并没有国家出行调查数据以及个人层面数据的保密性问题，北京市政府仅公布汇总的出行调查数据。尽管考虑到北京的规模，2007 年活动日志调查的样本量相对较少，但调查区域覆盖了多样化的社区类型，包含了 1000 多个人的完整详细的出行记录，它仍然是一个适合理解出行行为的数据集，为微观数据与宏观数据的有效结合奠定了基础。

第四章
基于出行链的居民日常出行行为分析

第一节　出行链的统计描述分析

巡回（Tour）或出行链（Trip Chain）指从家里到一个或多个活动地点再返回家的完整出行过程。本章将巡回或出行链作为基本分析单元，研究家庭和个人的社会经济属性，以及居住地和工作地的城市形态如何影响以出行链为基础的居民日常出行行为。本章主要从以下3个方面来分析出行链行为：巡回的发生或者频率（在一个工作日里发生的巡回次数）、巡回行程安排（停靠点的数量、类型和顺序），以及巡回依赖效应（某类巡回的特点如何影响个体可能发生的其他巡回）。由于上班族有大量工作活动会受到时空约束，并且他们的工作活动对安排其他非工作活动有重大影响（Bhat et al.，2004），所以，城市形态和社会人口经济属性对基于出行链的日常出行行为的影响分别针对在职群体（有工作者）和非在职群体（无工作者）进行分析（Ma et al.，2014b）。

一　巡回频率

巡回的发生或频率，即一天当中的巡回次数，是在一个典型工作日里所要做的重要决策。本章抽取了1026名至少参加过一次户外活动的居民作为样本，利用他们周一的活动巡回记录，统计出1437次基于家庭的巡回。表4－1列出了基于社会人口统计的巡回频率。男性、户主和在职群体只进行一次巡回的比例相对更高，对在职群体而言尤为如此。由于工作限制，大多数工作者倾向于在一个典型的工作日只安排一次巡回，而非工作者更有可能安排两次或更多的巡回。同样，男性和户主参加两次或两次以上巡回的比例也较低，可能是由于他们在家庭中担负着不同的责任，在参与活动方面会受到不同的时空制约。根据社会人口统计学的属性，本章发现巡回频率存在较大差异。在北京，绝大多数居民在一个典型的工作日里只有一次或两次巡回，而少于10%的居民会产生三次或三次以上的巡回行为。

表4-1　基于社会人口统计的巡回频率

单位：人，%

巡回频率	性别		是不是家庭户主		就业情况		总数
	男性	女性	是	否	在职	非在职	
一次巡回	360	341	433	268	569	132	701
占比	71.57	65.20	72.77	62.18	76.27	47.14	68.32
二次巡回	107	140	131	116	142	105	247
占比	21.27	26.77	22.02	26.91	19.03	37.50	24.07
三次巡回	33	37	28	42	33	37	70
占比	6.56	7.07	4.71	9.74	4.42	13.21	6.82
四次巡回	3	5	3	5	2	6	8
占比	0.60	0.96	0.50	1.16	0.27	2.14	0.78
总计	503	523	595	431	746	280	1026
占比	100.00	100.00	100.00	100.00	100.00	100.00	100.00

资料来源：根据2007年活动日志调查数据整理绘制。

为了更好地理解城市形态对巡回频率的作用，本章对10个被调查社区里的在职居民的巡回次数进行了对比。图4-1说明了各类型社区居民巡回偏好的不同，受到零售雇佣密度（以1公里半径内每千名居民中零售雇员的数量衡量）的影响。例如，在胡同院落社区（交道口）和单位大院社区（三里河、和平里）平均每人每天有超过1.4次巡回，而商品房和经济适用房社区（方舟苑、望京花园）平均每人每天的巡回次数为1.1次左右。

这表明住在高密度或是混合用地的社区居民在一个典型的工作日会发生更多次的巡回。

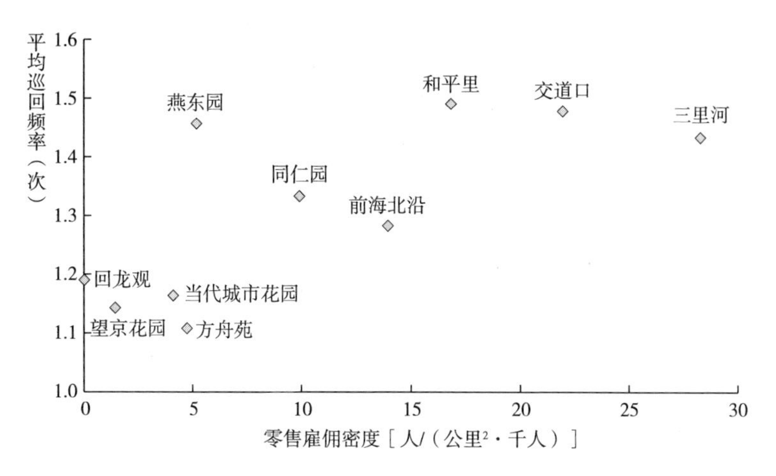

图 4－1　零售雇佣密度与社区居民的巡回频率

资料来源：根据 2007 年活动日志调查数据整理绘制。

二　巡回类型

在之前的文献中，对于以外出和返回以及所有中间停留点依次连接起来的出行链，人们用不同的方法对它们进行分类。例如，基于三种不同活动目的（工作或学习、维持家庭的活动和休闲娱乐）的简单与复杂的出行组合，可以派生出 9 种巡回类型（Frank et al.，2008）。基于每次出行的主要目的，可以把所有的巡回分成 3 个简单的类型：基于家庭的工作巡回、基于家庭的非工作巡回和基于工作地的中间巡回（Frank et al.，2008）。

本章根据巡回序列和活动目的，采取了基于家庭的巡回作为基本研究单元，以更好地反映个人日常行为的相关决策过程，并将基于家庭的工作巡回和非工作巡回按行程顺序和活动目的分别分为 8 种类型（见表 4－2）。H－W－H 的单目的工作巡回是最常见的类型，几乎占了 882 次工作巡回的一半，与其他地区所观察到的比例类似（Chen et al.，2008）。另一半由多目的巡回组成，比如工作之前、期间或是之后所分配的非工作活动和它们的组合体。在这里，H－W－X－W－H的巡回类型是较为常见的，说明在一个典型的工作日人们在工作期间会在工作地附近参加非工作活动。相反的是，H－X－W－X－H和H－X－W－X－W－X－H的巡回类型并不常见，表明工作群体在工作日很少有人参与基于家庭的多元化非工作活动。

表4－2　巡回分类

单位：次，%

基于家庭的工作巡回			基于家庭的非工作巡回		
巡回类型	频率	比例	巡回类型	频率	比例
H－W－H	439	49.77	H－L－H	197	35.50
H－X－W－H	29	3.29	H－S－H	139	25.05
H－W－X－W－H	225	25.51	H－F－H	52	9.37
H－W－X－H	68	7.71	H－P－H	66	11.89
H－X－W－X－W－H	36	4.08	H－O－H	28	5.05
H－X－W－X－H	9	1.02	H－2 stops－H	52	9.37
H－W－X－W－X－H	68	7.71	H－3 stops－H	16	2.88
H－X－W－X－W－X－H	8	0.91	H－4 stops－H	5	0.90
单目的巡回	439	49.77	单目的巡回	482	86.85
多目的巡回	443	50.23	多目的巡回	73	13.15
总计	882	100.00	总计	555	100.00

注：H表示家；W表示工作或与工作有关的活动；X表示任何非工作活动；L表示休闲活动；S表示购物活动；F表示家庭义务，包括照顾老人和儿童等；P表示个人事务，比如在外面吃饭、去医院等；O表示其他非工作活动；stop表示停留点。

资料来源：根据2007年活动日志调查数据整理绘制。

关于基于家庭的非工作巡回（见表4－2），大多数是单目的巡回，只有13.15%是多目的巡回。非工作活动包括休闲（L）、购物（S）、家庭义务（F）、个人事务（P）和其他（O）。在基于家庭的非工作巡回中，H－L－H占首要地位（35.50%），紧接着是H－S－H（25.05%），这说明在一个典型的工作日里，非工作目的的出行以参加休闲活动和购物为主。家庭义务和个人事务也是重要的非工作活动，占据了非工作巡回的21.26%。根据巡回的复杂性（停留点的数量），虽然多目的的非工作巡回共有三种类型，但总体而言，只占据了所有非工作巡回的 13.15%，并且大多数仅有 2 个停留点。

为了理解城市形态对巡回类型的影响，基于社区居民巡回复杂性（停留点的数量），考虑零售雇佣密度和多目的巡回的关系。图 4－2 表明了所调查社区居民多目的巡回所占的份额。胡同院落社区（交道口和前海北沿）和单位大院社区（三里河、和平里）拥有较高的零售雇佣密度或土地混合利用，但是多目的巡回所占的比重较小。相反，在经济适用房社区望京花园多目的巡回所占的比例（大约 70%）最大，紧接着是商品房社区方舟苑、当代城市家园。这表明居住在郊区低密度的人们往往在巡回途中有更多的停留点。

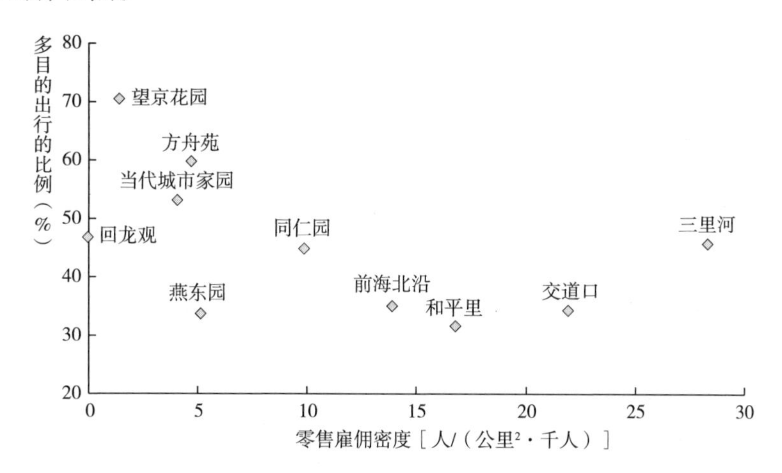

图 4－2　社区零售雇佣密度与多目的巡回比例

资料来源：根据 2007 年活动日志调查数据整理绘制。

三　在职人员的巡回类型选择

由于在职人员与非在职人员的日常巡回活动有很大不同，所以本章对在职人员与非在职人员两个群体的巡回机制分别进行研究。表 4－3 呈现了在职人员产生一次或两次巡回的出行选择。在一个典型工作日里，只有一次巡回的在职人员中 H－W－H 这个单目的工作巡回类型的比例为 31.28%，另外有 33.92% 的人选择了 H－W－X－W－H 这个多目的巡回类型。除了 H－W－X－W－X－H 这种类型占 10.54% 外，其余种类的工作巡回比例都相对较低（低于 6%）。此外，有 8.26% 的在职人员只产生一次非工作类型的巡回活动，可能是在调查那天，他们需要处理一件突发性的个人事务（比如上医院），或是进行远程办公。

对于出现两次巡回的在职人员，超过 50% 的人选择单目的工作巡回作为他们的第一巡回安排，有 11.97% 的人选择 H－W－X－W－H 这个多目的工作巡回类型；19.01% 的人选择单目的非工作巡回作为他们的第一巡回安排，很少有人选择多目的非工作巡回。相比之下，对在职人员的第二巡回安排来说，单目的工作巡回类型占比较大，紧接着是 H－W－X－H 这个多目的工作巡回类型。但是，单目的非工作巡回类型的选择比例超过 40%，这表明许多在职人员如果在一个典型的工作日安排两次巡回，他们大多会参加一些非工作活动作为他们的第二巡回安排，尤其是休闲活动，有超过 20% 的人选择 H－L－H 这一类巡回活动。

表 4－4 展示了出现三次及以上巡回的在职人员的巡回类型概况。因为在一个典型的工作日，很少有在职人员参加三次以上巡回，所以把产生三次巡回和四次巡回的样本放在一起，主要分析前三个巡回类型的特征。如表 4－4 所示，这些在职人员大多数选择单目的工作巡回类型作为他们的第一巡回安排，紧接着是 H－L－H 这个单目的非工作巡回类型，其他类型的选择比例特别小。类似地，他们的第二巡回安排约 70% 为单目的工作巡回类型，有 14.29% 的在职人员在工作后和回家前参加一些非工作活动。至于第三巡回安排，这些在职人员中 34.29% 选择单目的工作巡回类型，而有 60.00% 选择单目的非工作巡回类型，尤其是 H－L－H 这个巡回类型占比最大。这表明在一个典型的工作日，部分在职人员将购物或参加休闲活动作为他们最后的一个巡回安排。总的来说，上述研究表明在职人员在工作日的巡回类型或出行安排存在较大差异。

表 4－3　一次或两次巡回的在职人员的巡回类型选择

单位：次，%

一次巡回的在职人员			两次巡回的在职人员					
巡回类型	频率	比例	第一次巡回类型	频率	比例	第二次巡回类型	频率	比例
H－W－H	178	31.28	H－W－H	80	56.34	H－W－H	57	40.14
H－X－W－H	19	3.34	H－X－W－H	6	4.23	H－X－W－H	1	0.70
H－W－X－W－H	193	33.92	H－W－X－W－H	17	11.97	H－W－X－H	20	14.08
H－W－X－H	25	4.39	H－W－X－H	4	2.82	H－X－W－X－W－H	1	0.70
H－X－W－X－W－H	32	5.62	H－X－W－X－W－H	1	0.70	H－W－X－W－X－H	1	0.70
H－X－W－X－H	8	1.41	H－X－W－X－H	1	0.70	H－L－H	32	22.54
H－W－X－W－X－H	60	10.54	H－W－X－W－X－H	4	2.82	H－S－H	13	9.15
H－X－W－X－W－X－H	7	1.23	H－L－H	8	5.63	H－F－H	8	5.63
非工作巡回	47	8.26	H－S－H	9	6.34	H－P－H	7	4.93
			H－F－H	5	3.52	H－2 stops－H	1	0.70
			H－P－H	3	2.11	H－3 stops－H	1	0.70
			H－O－H	2	1.41			
			H－3 stops－H	2	1.41			
总计	569	100.00	总计	142	100.00	总计	142	100.00

注：H 表示家；W 表示工作或与工作有关的活动；X 表示任何非工作活动；L 表示休闲活动；S 表示购物活动；F 表示家庭义务，包括照顾老人和儿童等；P 表示个人事务，比如在外面吃饭、去医院等；O 表示其他非工作活动；stop 表示停留点。

资料来源：根据 2007 年活动日志调查数据整理绘制。

表 4－4　三次及以上巡回的在职人员的巡回类型选择

单位：次，%

三次或更多次巡回的在职人员								
第一次巡回类型	频率	比例	第二次巡回类型	频率	比例	第三次巡回类型	频率	比例
H－W－H	25	71.43	H－W－H	24	68.57	H－W－H	12	34.29
H－W－X－H	1	2.86	H－X－W－H	1	2.86	H－W－X－H	2	5.71
H－L－H	6	17.14	H－W－X－H	5	14.29	H－L－H	14	40.00
H－F－H	1	2.86	H－L－H	1	2.86	H－S－H	6	17.14
H－P－H	1	2.86	H－S－H	1	2.86	H－P－H	1	2.86
H－O－H	1	2.86	H－F－H	1	2.86			
			H－O－H	1	2.86			
			H－3 stops－H	1	2.86			
总计	35	100.00	总计	35	100.00	总计	35	100.00

注：H 表示家；W 表示工作或与工作有关的活动；X 表示任何非工作活动；L 表示休闲活动；S 表示购物活动；F 表示家庭义务，包括照顾老人和儿童等；P 表示个人事务，比如在外面吃饭、去医院等；O 表示其他非工作活动；stop 表示停留点。

资料来源：根据 2007 年活动日志调查数据整理绘制。

四 非在职人员的巡回类型选择

表4－5呈现了仅一次或两次巡回的非在职人员巡回类型的选择情况。在一个典型的工作日只产生一次巡回的非在职人员中，超过55%的人选择了单目的非工作巡回类型。其中，购物和休闲活动是人们喜欢参加的主要活动，紧接着是个人事务。带有两个活动的多目的非工作巡回类型，即H－X－X－H的比例为12.88%，而带有三个或更多活动的多目的非工作巡回类型总共占6.06%。虽然如此，但在一个典型的工作日仅巡回一次的非在职人员中有25.00%选择了工作巡回类型，可能是由于这些非雇佣居民在被调查的那一天进行一些临时与工作有关的活动，比如为了一份工作而进行训练或学习，或者在退休之后受到公司和大学的返聘等。

在产生两次巡回的非在职人员中，超过30%的人选择单目的非工作巡回类型H－L－H作为他们的第一巡回安排，约有17%的人选择H－S－H这个巡回类型，只有13.33%的人选择两个或三个活动的多目的非工作巡回类型，有18.10%的人选择工作巡回类型作为他们的第一巡回安排。相比之下，对于这些非在职人员的第二巡回安排，休闲娱乐和购物仍是单目的非工作巡回类型的主要活动，有14.28%的人选择个人事务，而选择多目的非工作巡回类型的比例为8.57%。

表4－6展示了有三次巡回的非在职人员的巡回类型概况。约40%的非在职人员选择H－L－H这个单目的非工作巡回类型作为他们的第一巡回安排，约16%的人选择H－F－H这个巡回类型，H－S－H这个类型的选择比例则为9.30%，而其他非工作巡回类型的选择比例较低。类似地，针对他们的第二巡回安排，约有30%的人选择H－L－H这个单目的非工作巡回类型，紧接着是H－S－H和H－F－H的巡回类型，分别占13.95%和11.63%。相比之下，对于他们的第三巡回安排，超过50%的非在职人员选择了H－L－H和H－S－H的单目的非工作巡回类型，而任何多目的非工作巡回类型的选择比例都较低。

表 4-5　一次或两次巡回的非在职人员巡回类型选择

单位：次，%

一次巡回的非在职人员			两次巡回的非在职人员					
巡回类型	频率	比例	第一次巡回类型	频率	比例	第二次巡回类型	频率	比例
H－L－H	24	18.18	H－L－H	34	32.38	H－L－H	32	30.48
H－S－H	27	20.45	H－S－H	18	17.14	H－S－H	24	22.86
H－F－H	5	3.79	H－F－H	8	7.62	H－F－H	6	5.71
H－P－H	14	10.61	H－P－H	7	6.66	H－P－H	15	14.28
H－O－H	4	3.03	H－O－H	5	4.76	H－O－H	5	4.76
H－X－X－H	17	12.88	H－X－X－H	12	11.43	H－X－X－H	6	5.71
H－X－X－X－H	5	3.79	H－X－X－X－H	2	1.90	H－X－X－X－H	3	2.86
H－X－X－X－X－H	3	2.27						
工作巡回	33	25.00	工作巡回	19	18.10	工作巡回	14	13.33
总计	132	100.00	总计	105	100.00	总计	105	100.00

注：H 表示家；X 表示任何非工作活动；L 表示休闲活动；S 表示购物活动；F 表示家庭义务，包括照顾老人和儿童等；P 表示个人事务，比如在外面吃饭、去医院等；O 表示其他非工作活动。

资料来源：根据 2007 年活动日志调查数据整理绘制。

表 4-6　三次巡回的非在职人员的巡回类型选择

单位：次，%

三次巡回的非在职人员								
第一次巡回类型	频率	比例	第二次巡回类型	频率	比例	第三次巡回类型	频率	比例
H-L-H	17	39.53	H-L-H	13	30.23	H-L-H	12	27.91
H-S-H	4	9.30	H-S-H	6	13.95	H-S-H	10	23.26
H-F-H	7	16.28	H-F-H	5	11.63	H-F-H	3	6.98
H-P-H	3	6.98	H-P-H	4	9.31	H-P-H	2	4.65
H-O-H	2	4.65	H-O-H	1	2.33	H-O-H	2	4.65
H-X-X-H	3	6.98	H-X-X-H	3	6.98	H-X-X-X-H	2	4.65
H-X-X-X-H	1	2.33	H-X-X-X-H	1	2.33			
工作巡回	6	13.95	工作巡回	10	23.26	工作巡回	12	27.91
总计	43	100.00	总计	43	100.00	总计	43	100.00

注：H 表示家；X 表示任何非工作活动；L 表示休闲活动；S 表示购物活动；F 表示家庭义务，包括照顾老人和儿童等；P 表示个人事务，比如在外面吃饭、去医院等；O 表示其他非工作活动。

资料来源：根据 2007 年活动日志调查数据整理绘制。

第二节　离散选择模型

出行链分析反映了在时空制约下考虑出行决策、整合土地利用模型与交通模型，具有重要意义。计量经济学模型通常涉及使用方程来探索个人的日常出行决策过程，以及考察出行模式、土地利用、个人和家庭的社会人口学特征之间的关系（Bhat and Singh，2000）。到目前为止，出行链分析中已经使用了不同种类的计量经济学模型，包括工具变量模型（Instrumental Variable Models）、样本选择模型（Sample Selection Models）、离散选择模型、结构方程模型和纵向设计（Longitudinal Designs）（Mokhtarian and Cao，2008）。每一种模型都有它的优缺点，并用于不同目的。当涉及出行行为和活动参与以及预测各种出行决策的概率时，离散选择模型是最合适的方法，因为家庭和个人的居住区位选择、交通工具拥有情况、出行频率、出行模式等都属于离散的多维选择问题（Waddell，2002）。

通常，离散选择模型是指基于离散选择理论（Waddell，2002）或随机效用最大化（Random Utility Maximization）开发的一类计量经济学模型，（Waddell，2002）。在离散选择模型中，假设决策者（如家庭和个人）在面对提供不同效用的多个选择时做出理性选择，理性决策者通常选择效用最高的可选方案（McFadden，1973）。因此，家庭和个人的多维选择被广泛地用一种模型结构来处理，这种结构允许联合和有条件的离散选择，这些选择依赖大量离散或连续的解释变量（Waddell，2002）。在土地利用和交通研究中应用最广泛的模型是有序 Logit 模型和多元 Logit 模型。

在引入有序和多元 Logit 模型之前，本节简要介绍了二元模型结果，因为它是最基本的类型，并为复杂模型提供了基础。二进制因变量有两个值，通常编码为 0 时表示负结果，编码为 1 时表示正结果。线性概率模型形式为（Long and Freese，2001）：

$$Pr(y=1 \mid x) = x\beta + \varepsilon \tag{4.1}$$

其中，x 表示自变量，β 表示待估计系数，ε 表示随机误差。式（4.1）中，预测概率大于 1 或是小于 0 都是有问题的。因此，通常对 *Odds*① 进行建模：

$$\Omega(x) = Pr(y=1 \mid x) / Pr(y=0 \mid x) = Pr(y=1 \mid x) / [1 - Pr(y=1 \mid x)] \tag{4.2}$$

式（4.2）表示 $y=1$ 是否发生相对于 $y=0$ 是否发生，范围是从 0 到 ∞。概率的对数或者 Logit 范围是从 -∞ 到∞：

$$\ln\Omega(x) = x\beta \tag{4.3}$$

有序和多元 Logit 模型等价于一系列二元结果的同时估计。有序 Logit 模型与多元 Logit 模型的主要区别在于前者基于累积响应概率，后者基于每个类别或结果的响应概率。具体地说，有序 Logit 模型是多元 Logit 模型的概括，可用于解释个体具有系统性的未观察到的偏好以及随机效用成分之间具有近似协方差的有序离散选择（Small，1987）。在有序 Logit 模型中，定义了给定 x 值时，结果小于或等于 m 与大于 m 的概率：

$$\Omega_{\leq m \mid >m}(x) = Pr(y \leq m \mid x) / Pr(y > m \mid x) \quad (m=1, 2, \cdots, J-1) \tag{4.4}$$

假设概率的对数为：

$$\ln\Omega_{\leq m \mid >m}(x) = \tau m - x\beta \tag{4.5}$$

式（4.4）和式（4.5）中，J 表示分类的个数，τm 表示分界点或是

① *Odds* 的意思为概率、可能性，是指某事件发生的可能性（$p1$）与不发生的可能性（$p2$）之比。*Odds* 越大，相当于设为 1 的事件的发生概率越大，而不发生的概率越小。

临界值，β 表示被估算的系数（Long and Freese，2001）。当因变量是分类结果时，将采用多元 Logit 模型，该模型可以定义为：

$$\ln\Omega m \mid b\ (x) = \ln\left[Pr\ (y=m \mid x)\ /Pr\ (y=b \mid x)\right] = x\beta m \mid b\ (m=1,\ 2,\ \cdots,\ J) \tag{4.6}$$

式（4.6）中，b 指基本分类或是参照组，J 表示分类的数量。

本章在以活动为基础的理论框架内，将巡回（或出行链）作为基本分析单位，采用离散选择模型来研究城市典型工作日中城市形态特征、社会人口统计学属性和个人出行行为之间的关系。出行行为主要集中在 3 个方面：巡回的产生与频率、巡回行程安排（停留点的类型和顺序）和巡回交互依赖效应。由于巡回频率变量是一个有序变量，所以本章使用有序 Logit 模型来研究社会人口和城市形态对巡回频率的影响。由于出行模式的变量是一个分类变量，所以本章利用多元 Logit 模型来研究巡回行程安排的决策过程。

第三节　巡回产生的建模

一　有序 Logit 模型

对于在职人员和非在职人员来说，已发现其巡回频率和类型十分不同，下一步需要判定巡回特点（频率和类型）能否通过与居住地相关的社会经济属性和城市形态进行解释。由于巡回频率这个变量是有序变量，所以本节采用有序 Logit 模型来研究城市形态特点（住宅和工作地）、社会经济属性（家庭和个人的）以及在职人员和非在职人员不同的巡回选择之间的关系。

具体而言，有序 Logit 模型是多元 Logit 模型的一般化，可用于解释有序离散选择。这种方法考虑了因变量（在本书中是巡回频率）的顺序差异，并考虑了小范围的离散选择（选择 1 ~ 3 次巡回），而且可能更适合考虑实际行为（Bhat，1999；Noland and Thomas，2007）。在本章中，由于产生的巡回类型选择被分成 3 类，只估算 2 个分界点（$\tau 1$ 和 $\tau 2$）（即巡回 1 与巡回 2 之间、巡回 1 与巡回 3 之间）。本章采用 Stata 软件估算所有模型，产生的 3 个巡回选择则设置为参考类型。

二　在职人员的巡回频率决策模型

表 4 – 7 展示了在职人员的模型结果，这些样本代表了在一个典型的工作日里产生至少一次基于家庭的工作巡回的在职人员。模型 1 是只包含 2 个需要被估计的分界点的零模型。利用它们的反对数①，分别得到在职人员巡回频率为 1 的估计概率和在职人员巡回频率小于 3 的累积概率。模型 2 添加了家庭和个人的社会经济属性（比如性别、年龄、职业、孩子情况和家庭规模），而模型 3 则添加了居住地和工作地的城市形态变量，包含了人口密度、零售雇佣密度（半径 1000 米内的零售受雇者），以及服务设施密度（半径 1000 米内不同服务设施的数量）。将城市形态的变量进行自然对数的转换，以使它们的分布更加对称，并减少潜在的异方差问题（Anderson and West，2006）。该模型的对数似然值和 R^2 随着变量的增多而增大。所有的模型都通过了平行性检验（Long and Freese，2001），这表明所有的模型拟合良好，并且系数估算合理。

与模型 2 相比，模型 3 中的社会经济属性的估算系数变化很小，这表明人口特征和巡回频率的相关性是稳定的。结果表明，大部分社会经济属性与在职人员的巡回频率选择显著相关。例如，户主、低收入、私营企业家和自由职业者在一个典型的工作日中往往会产生更多的巡回。不同年龄组也有所不同——与诺兰（R. B. Noland）和托马斯（J. V. Thomas）在

① r 的反对数等于 exp（r）/［exp（r）+1］。

2007年的发现相反，老年人与高巡回频率紧密相关（Noland and Thomas，2007）。在许多发达国家，出行链中存在性别差异，但在本书中，男性与女性的巡回频率并没有很大不同。出现这一结果的可能原因是许多年轻夫妻与他们的父母住在一起（部分是由于北京房价太高）而形成大家庭。老人，包括那些没工作或退休的人承担家庭部分责任（购物、照顾小孩、处理家庭杂务），与许多发达国家的女性在职人员有很大不同。

表4－7　在职人员的模型结果

变量	模型1		模型2		模型3	
	系数	标准误	系数	标准误	系数	标准误
分界点1	1.082	0.087	－1.607	0.716	0.681	1.146
分界点2	2.943	0.173	0.561	0.719	2.876	1.153
户主			0.426**	0.212	0.424**	0.216
女性			0.357*	0.205	0.290	0.208
年龄（30～49岁）			1.284***	0.347	1.164***	0.354
年龄（≥50岁）			1.368***	0.386	1.250***	0.394
月收入			－0.439***	0.091	－0.431***	0.092
职业1			－2.344***	0.885	－2.469***	0.890
职业2			0.393*	0.215	0.303	0.223
职业4			0.483	0.294	0.506*	0.298
孩子情况			－0.505**	0.231	－0.396*	0.234
家庭规模			－0.126	0.123	－0.063	0.126
通勤时间			－0.534***	0.097	－0.529***	0.099
住宅的人口密度					0.292*	0.171
住宅的零售雇佣密度					－0.001	0.070
工作地的人口密度					－0.030	0.132
工作地的零售雇佣密度					－0.394	0.264
工作地的服务设施密度					0.570**	0.287
对数似然值	－483.539		－412.481		－405.841	
Pseudo R^2	0.000		0.147		0.161	

注：*表示在10%的水平下显著，**表示在5%的水平下显著，***表示在1%的水平下显著。职业共分成4个类别：职业1表示学生，职业2表示政府和公共机构的员工，职业3表示工厂或公司的在职人员，而职业4表示私营企业家和自由职业者。在模型中，职业3作为参照类别。

资料来源：根据模型结果作者自绘。

巡回的持续时间或通勤时间与巡回频率也呈显著负相关，说明人们为了工作活动长时间巡回，那么他们的巡回次数会显著减少。而在城市形态方面，结果表明，居住在高人口密度或是更高的工作地服务设施可达性的社区，人们往往更频繁地离家并产生更多的巡回，这与其他人的研究是一致的（Krizek，2003）。

三　非在职人员的巡回频率决策模型

表4-8展示了在一个典型的工作日有效样本的非在职人员的模型结果。把家庭和个人的社会经济属性加入模型2，结果表明，接受过高等教育的人往往比他们的同龄人的巡回次数更少。与低收入的非在职人员（比如领取退休金的人）相比，高收入的非在职人员在典型的工作日往往会产生更多次的巡回。相比之下，在模型3加入城市形态的变量后，一些社会经济属性（比如性别、高等教育和月收入）的估值变化特别小，而其他属性比如年龄和儿童情况则变化较大。例如，考虑到住宅的城市形态时，儿童情况与非在职人员的巡回选择紧密相关。在一个典型的工作日，家里有小孩的非在职人员往往会产生更多的巡回。而在城市形态方面，居住在高人口密度或是更加接近地铁站的社区，人们往往更频繁地离开家并产生更多的出行。

表4-8　非在职人员的模型结果

变量	模型1		模型2		模型3	
	系数	标准误	系数	标准误	系数	标准误
分界点1	-0.105	0.138	1.337	0.653	3.770	0.959
分界点2	1.866	0.203	3.386	0.689	6.021	1.017
女性			-0.007	0.292	-0.013	0.301
年龄（40~49岁）			0.586	0.689	1.012	0.727
年龄（50~59岁）			0.365	0.520	0.968*	0.571
年龄（≥60岁）			0.236	0.510	0.677	0.561

续表

变量	模型 1		模型 2		模型 3	
	系数	标准误	系数	标准误	系数	标准误
高等教育			-0.841 **	0.390	-0.842 **	0.408
月收入			0.332 ***	0.115	0.387 ***	0.122
儿童情况			0.441	0.327	1.266 ***	0.388
住宅的人口密度					0.435 **	0.221
住宅的零售雇佣密度					-0.071	0.085
住宅的地铁可达性					1.184 ***	0.342
对数似然值	-206.978		-198.177		-185.110	
Pseudo R^2	0.000		0.031		0.095	

注：* 表示在 10% 的水平下显著，** 表示在 5% 的水平下显著，*** 表示在 1% 的水平下显著。

资料来源：根据模型结果整理绘制。

第四节　巡回行程安排的建模

接下来本节研究社会经济属性和城市形态与居民的巡回行程安排（中间站点产生的类型和顺序）及其相互依赖关系。首先，通过探索不同巡回频率的在职人员的行程安排来解释工作日在职人员的巡回序列和巡回相互关系；然后，分析非在职人员的巡回行程安排。基于巡回类型这个因变量的特点，本节采用多元 Logit 模型。

一　发生一次巡回的在职人员的巡回行程安排分析

基于家庭的工作巡回的 8 种类型在频率方面有很大不同，较为复杂的一些巡回类型出现得相对较少。为了简化模型，设定了以下 4 种巡回类型：

- 单目的巡回（H－W－H），约占所观察巡回的34%；
- 第一模式多目的巡回（H－X－W－H、H－W－X－H、H－X－W－X－H），没有基于工作的巡回（即非工作活动发生在工作前和/或工作后），约占所观察巡回的10%；
- 第二模式多目的巡回（H－W－X－W－H），基于工作的巡回（即只在工作期间出现的非工作活动），约占所观察巡回的37%；
- 第三模式多目的巡回（H－X－W－X－W－H、H－W－X－W－X－H、H－X－W－X－W－X－H），它是第一和第二模式多目的巡回的一个更复杂的结合，约占所观察巡回的19%。

将最复杂的模式即第三模式多目的巡回设置为多元Logit模型中的参照组。结果表明，家庭规模、性别和月收入与巡回类型紧密相关（见表4－9）。与参照类型相比，拥有大家庭的在职人员往往采取较为简单的巡回模式，而女性与高收入的在职人员则更倾向于最复杂的巡回类型（第三模式多目的巡回）。这表明尽管女性与男性有类似的巡回频率（巡回的数量），但女性往往在巡回过程中出现更多的停留点。这支撑了在其他巡回研究中的性别差异结论（McGuckin and Murakami，1999），并反驳了巡回类型没有性别差异的观点（Yang et al.，2007）。通勤时间与巡回模式也显著相关，这与预期相符。随着通勤时间的增加，人们更倾向于选择简单的巡回类型，这些巡回有更少的中间停留点（与参照组相比）。

表4－9　产生一次巡回的在职人员的多元Logit模型结果

变量	单目的巡回		第一模式多目的巡回		第二模式多目的巡回	
	系数	标准误	系数	标准误	系数	标准误
儿童情况	－0.449	0.319	－0.622	0.434	－0.117	0.309
家庭规模	0.293*	0.160	0.636***	0.199	0.109	0.159

续表

变量	单目的巡回		第一模式多目的巡回		第二模式多目的巡回	
	系数	标准误	系数	标准误	系数	标准误
女性	-0.702***	0.273	-0.366	0.372	-0.605**	0.267
年龄（≥50岁）	-0.552	0.405	-0.350	0.563	-0.352	0.389
职业2	-0.157	0.294	-0.100	0.415	0.349	0.280
月收入	-0.250***	0.093	-0.209*	0.124	-0.198**	0.092
通勤时间	0.527***	0.144	0.477**	0.198	0.485***	0.138
住宅的人口密度	0.198	0.180	0.025	0.237	0.322*	0.175
住宅的零售雇佣密度	-0.014	0.075	0.081	0.102	-0.028	0.075
工作地的人口密度	-0.160	0.165	0.190	0.213	0.095	0.160
工作地的零售雇佣密度	0.009	0.163	-0.475**	0.213	-0.269*	0.158
工作地的服务设施可达性	-0.050	0.176	-0.092	0.228	-0.345*	0.186

注：对数似然值 = -630.48，Prob > Chi^2 = 0.00，Pseudo R^2 = 0.06。* 表示在10%的水平下显著，** 表示在5%的水平下显著，*** 表示在1%的水平下显著。职业2表示政府和公共机构的员工。

资料来源：根据模型结果整理绘制。

关于城市形态变量，住宅和工作地的土地使用特点对巡回模式的选择会产生一定影响，尤其是工作地的建成环境比居住区的作用更为显著。例如，在工作地那些零售雇佣密度和服务设施可达性（在1000米半径内到服务设施的平均距离）更高的地方，人们更愿意采取较为复杂的巡回类型或者在途中产生更多的停留点，表明在可达性较高的工作地，土地混合利用能够导致在单次工作巡回中产生多个停留点或人们倾向于采用更为复杂的巡回模式。

二　发生两次巡回的在职人员的巡回行程安排分析

关于有两次巡回的在职人员，基于在表4-3中的巡回类型选择概况和每次巡回类型的特点，在职人员的第一和第二巡回类型可分别分成4个类别。如图4-3所示，在职人员的第一巡回类型被分成单目的工作巡回（H-W-H）、基于工作的多目的巡回（H-W-X-W-H）、其他多目的工作巡回和非工作巡回。相比之下，他们的第二巡回类型被分为单目的工作巡回、多目的工作巡回，以及带有休闲活动（H－L－H）和维持性活动（H－M－H）的单目的非工作巡回。

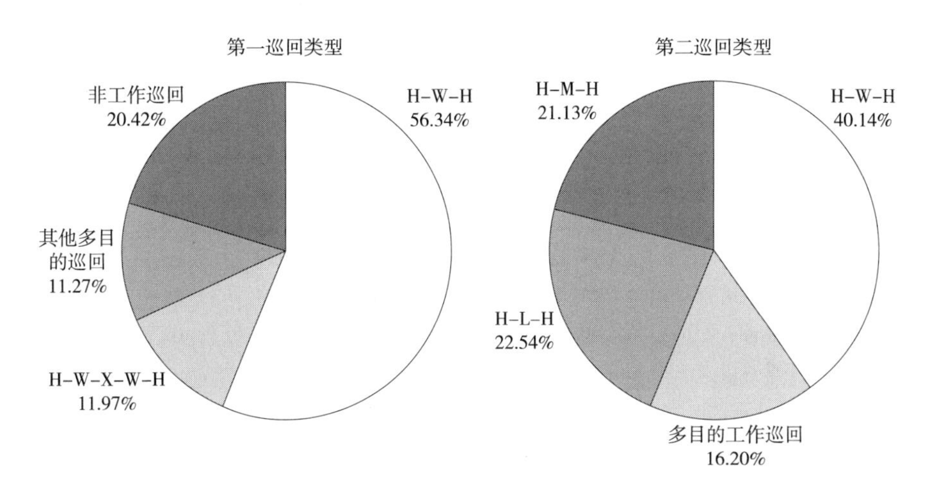

图4－3　产生两次巡回的在职人员的巡回模式分类

注：H－M－H指维持性活动，包括除休闲活动外的其他非工作巡回。下同。

资料来源：作者自绘。

表4－10展示了第一巡回选择的多元Logit模型结果。关于家庭规模、性别和年龄与采取的第一巡回模式显著相关。相较于参照组（即其他多目的工作巡回），拥有大家庭的在职人员往往选择单目的工作巡回作为他们的第一巡回安排，而女性则选择基于工作的多目的巡回。老年人往往在他们出发去工作之前参加一些非工作活动。此外，模型结果发现，通勤时间与第一巡回模式有紧密的正相关关系。随着通勤时间的延长，人们更倾向于在他们的工作地附近开展工作活动和非工作活动。然而，城市形态变量对第一巡回模式的选择影响不大。

表4－10　第一巡回选择的多元Logit模型结果

变量	H－W－H		H－W－X－W－H		非工作巡回	
	系数	标准误	系数	标准误	系数	标准误
儿童情况	0.206	0.773	－2.264	1.403	1.093	0.891

续表

变量	H－W－H		H－W－X－W－H		非工作巡回	
	系数	标准误	系数	标准误	系数	标准误
家庭规模	1.071*	0.554	1.055	0.695	0.979	0.620
女性	0.681	0.622	1.484*	0.851	0.757	0.730
年龄（≥50岁）	0.878	0.863	1.461	1.098	2.180**	0.980
职业2	－0.276	0.638	－1.045	0.875	－0.715	0.746
月收入	－0.103	0.284	－0.027	0.357	－0.223	0.328
通勤时间	－0.267	0.360	1.281**	0.532	0.365	0.417
住宅的人口密度	1.018	0.686	1.596	1.230	0.714	0.716
住宅的零售雇佣密度	－0.231	0.370	－0.407	0.504	－0.406	0.380
工作地的人口密度	－0.094	0.624	0.183	0.729	－0.414	0.677
工作地的零售雇佣密度	－0.324	0.532	－0.187	0.659	－0.473	0.581
工作地的服务设施可达性	－0.274	0.761	－0.552	0.985	－1.045	0.829

注：对数似然值＝－133.77，Prob＞Chi^2＝0.01，Pseudo R^2＝0.18。*表示在10%的水平下显著，**表示在5%的水平下显著。职业2表示政府和公共机构的员工。

资料来源：根据模型结果整理绘制。

相比之下，居住地和工作场所的城市形态变量与在职人员一天中第二次巡回的类型显著相关（见表4－11）。随着工作场所人口密度的增加，人们更倾向于选择参照组的巡回类型（即H－L－H）作为一天中的第二次巡回。然而，当工作地采取土地混合利用模式时，人们更倾向于选择工作巡回或是持续性活动（比如购物）的非工作巡回。月收入和通勤时间也与第二巡回类型紧密相关，这说明高收入或是通勤时间长的人往往在工作之后参加一些休闲活动。此外，第一与第二巡回类型的选择也紧密相关。例如，如果在职人员的第一巡回类型是单目的工作巡回或是非工作巡回，他们会更倾向于选择H－W－H、多目的工作巡回或H－M－H这样的巡回模式作为他们的第二巡回选择，而不是选择H－L－H。这说明采取多目的巡回的在职人员一天当中的不同巡回类型选择可能有交互依赖效应。

表 4-11 第二巡回选择的多元 Logit 模型结果

变量	H-W-H		多目的工作巡回		H-M-H	
	系数	标准误	系数	标准误	系数	标准误
儿童情况	0.617	0.828	0.748	0.914	0.225	0.785
家庭规模	-0.678	0.476	-0.100	0.507	-0.476	0.426
女性	-0.309	0.653	0.164	0.725	0.015	0.626
年龄（≥50 岁）	-0.408	0.856	0.815	0.891	0.190	0.840
职业 2	-0.227	0.717	0.087	0.793	-0.375	0.685
月收入	-1.256***	0.354	-1.290***	0.404	-0.576*	0.349
通勤时间	-1.959***	0.478	-1.796***	0.491	-0.763*	0.447
住宅的人口密度	-0.590	0.730	-1.013	0.725	-1.096*	0.664
住宅的零售雇佣密度	-0.205	0.327	-0.081	0.318	0.229	0.287
工作地的人口密度	-1.232**	0.616	-1.395**	0.671	-0.849*	0.513
工作地的零售雇佣密度	1.690***	0.555	1.038*	0.577	0.910*	0.500
工作地的服务设施可达性	0.208	0.655	-0.412	0.696	0.553	0.548
单目的工作巡回的第一巡回模式	2.538***	0.801	1.607*	0.876	0.628	0.761
非工作巡回的第一巡回模式	2.068*	1.064	2.088**	1.064	2.351***	0.889

注：对数似然值 = -132.15，Prob > Chi^2 = 0.00，Pseudo R^2 = 0.29。* 表示在 10% 的水平下显著，** 表示在 5% 的水平下显著，*** 表示在 1% 的水平下显著。职业 2 表示政府和公共机构的员工。

资料来源：根据模型结果整理绘制。

三 发生三次巡回的在职人员的巡回行程安排分析

由于有三次及以上巡回的在职人员样本较少（见表 4-4），无法用多元 Logit 模型来解释。因此，为了进一步分析这些数据，不同的巡回类型被分成 2 个类别——工作巡回（W）和非工作巡回（N），其中大多数是单目的巡回。在三次巡回中，每一次巡回选择都可能有 2 种情况，因此会产生 6 种可能的巡回模式（见图 4-4）。其中，巡回模式 W-W-N 占每天所观察的三次巡回的 57.14%，这说明大多数在职人员有两次工作巡回，紧接着是一次非工作巡回。这些在职人员是回家吃午餐（就像活动日志所展示的那样）之后又在下午离开家去工作，到了夜晚则进行非工作活动。另外有 17.14% 选择非工作巡回（比如做早操）作为他们的第一巡回安排，紧接着是两次工作巡回（即在早上和下午各一次工作巡回），这表明他们的第一巡回模式影响随后巡回的决定。因此，这些特殊的巡回模式也说明了在不同巡回之间的交互依赖效应。

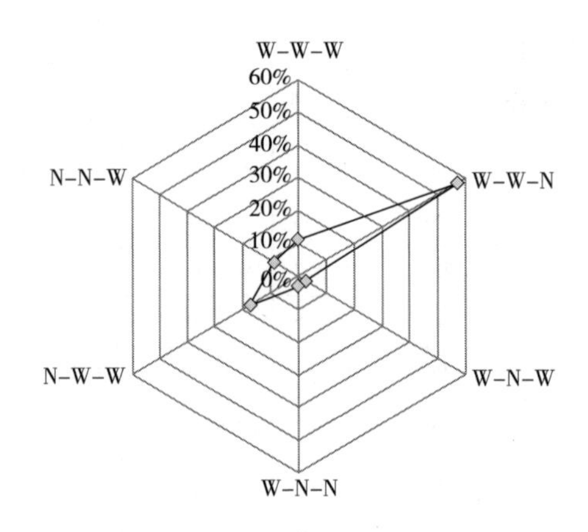

图 4 –4　采取三次巡回的在职人员的巡回模式类别

资料来源：作者自绘。

四　发生一次巡回的非在职人员的巡回行程安排分析

基于家庭的非工作巡回（见表 4 –5）的 8 种类型，为了简化模型，设置了以下 3 种巡回类别：

- 单目的娱乐巡回（H – L – H、H – S – H），约占所观察巡回的 52%；
- 单目的事务巡回（H – F – H、H – P – H、H – O – H），约占所观察巡回的 23%；
- 多目的巡回（H – X – X – H、H – X – X – X – H、H – X – X – X – X – H），约占所观察巡回的 25%。

在采取一次巡回的非在职人员的多元 Logit 模型中，设置最常见的模式即单目的娱乐巡回为参照组。结果表明，年龄和儿童情况与巡回方式的选择紧密相关（见表 4－12）。与参照组相比，老年人（年龄在 60 岁及以上）往往在一次多目的巡回中参加多个活动，而有孩子的家庭更倾向于选择单目的事务巡回或是多目的巡回。对于城市形态变量，住宅的零售雇佣密度与采取的巡回模式紧密相关。随着零售雇佣密度的增大或是土地利用更加混合，人们更倾向于选择多目的巡回或在一次巡回中产生更多的中间停留点。

表 4－12　产生一次巡回的非在职人员的多元 Logit 模型结果

变量	单目的事务巡回		多目的巡回	
	系数	标准误	系数	标准误
女性	0.213	0.607	0.101	0.578
年龄（≥60 岁）	－0.455	0.621	1.045 *	0.572
儿童情况	1.838 ***	0.669	1.388 **	0.676
受教育程度	0.092	0.623	0.892	0.593
住宅的人口密度	0.308	0.378	－0.329	0.376
住宅的零售雇佣密度	－0.017	0.170	0.282 *	0.167
地铁可达性	－0.348	0.671	0.580	0.647

注：对数似然值 = －90.13，Prob > Chi^2 = 0.03，Pseudo R^2 = 0.11。* 表示在 10% 的水平下显著，** 表示在 5% 的水平下显著，*** 表示在 1% 的水平下显著。

资料来源：根据模型结果整理绘制。

五　发生两次巡回的非在职人员的巡回行程安排分析

在产生两次巡回的非在职人员的巡回类型选择基础上（见表 4－5），他们的第一和第二巡回类型被进一步分成 3 个类别：H－L－H、H－S－H 和其他非工作巡回（包括单目的事务巡回和多目的巡回）。表 4－13 展示了一天采取两次巡回的非在职人员第一巡回模式的结果，结果显示，与参照组（即 H－S－H）相比，老年人往往在一天当中参加一些休闲活动和选择 H－L－H 单目的巡回作为他们的第一巡回选择。有孩子的家庭更倾向于选择休闲、个人事务或是家庭义务而不是购物的巡回类型。地铁可达性与第一巡回选择也显著相关。居住在地铁站附近的社区居民更倾向于选择单目的事务巡回或是多目的巡回作为一天中的第一巡回安排。

表 4－13　非在职人员的第一巡回选择的多元 Logit 模型结果

变量	H－L－H		其他非工作巡回	
	系数	标准误	系数	标准误
女性	0.145	0.695	0.139	0.699
年龄（≥60 岁）	1.191*	0.715	0.629	0.726
儿童情况	3.028**	1.407	2.606*	1.427
受教育程度	0.599	0.722	0.301	0.729
住宅的人口密度	0.866	0.647	0.030	0.654
住宅的零售雇佣密度	－0.125	0.227	0.219	0.228
地铁可达性	0.178	0.766	1.594**	0.822

注：对数似然值 = －77.59，Prob > Chi^2 = 0.04，Pseudo R^2 = 0.11。* 表示在 10% 的水平下显著，** 表示在 5% 的水平下显著。

资料来源：根据模型结果整理绘制。

至于第二巡回选择，巡回方式和城市形态变量没有显著关系（见表 4－14）。相比之下，拥有孩子的变量与巡回方式的选择紧密相关。与参照组（H－L－H）相比，有孩子的家庭更倾向于参加一些购物活动和选择 H－S－H 单目的巡回作为一天中的第二巡回安排。此外，对于非在职人员来说，第一与第二巡回方式的选择之间紧密相关。例如，如果非在职人员的第一巡回模式是 H－L－H 的单目的巡回或是其他非工作巡回，则他们往往倾向于选择 H－S－H 的巡回模式作为他们的第二巡回安排。这表明对于一天中采取多次巡回的非在职人员来说，存在巡回相互依赖的关系。

表 4－14　非在职人员的第二巡回选择的多元 Logit 模型结果

变量	H－S－H		其他非工作巡回	
	系数	标准误	系数	标准误
女性	0.909	0.691	1.025	0.650

续表

变量	H－S－H		其他非工作巡回	
	系数	标准误	系数	标准误
年龄（≥60 岁）	0.087	0.702	－0.634	0.649
儿童情况	1.717*	1.033	1.324	1.045
受教育程度	－0.091	0.728	0.110	0.671
住宅的人口密度	0.524	0.601	－0.292	0.567
住宅的零售雇佣密度	－0.143	0.219	0.102	0.210
地铁可达性	－0.155	0.893	－1.106	0.751
第一巡回模式为 H－L－H	2.024*	1.206	0.903	0.813
第一巡回模式为其他非工作巡回	2.750**	1.230	1.458*	0.859

注：对数似然值 = －72.79，Prob > Chi^2 = 0.02，Pseudo R^2 = 0.18。* 表示在 10% 的水平下显著，** 表示在 5% 的水平下显著。

资料来源：根据模型结果整理绘制。

六　发生三次巡回的非在职人员的巡回行程安排分析

由于一天中发生三次巡回的非在职人员样本较少（见表 4－6），无法用多元 Logit 模型来解释。因此，为了进一步分析这些数据，将巡回分成 2 个类别：单目的巡回（S）和多目的巡回（M）。图 4－5 展示了一天中采

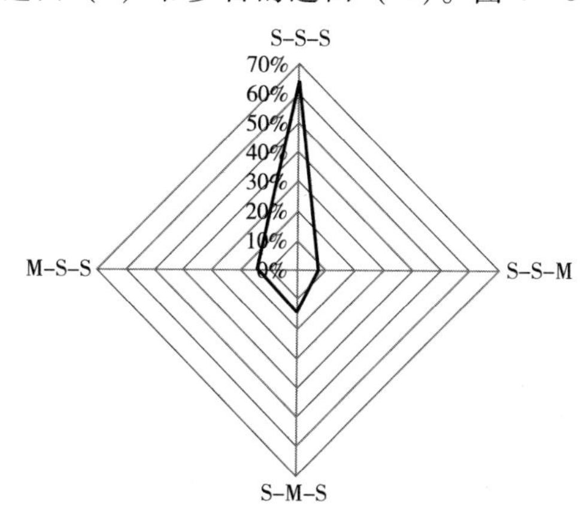

图 4－5　在一天当中采取三次巡回的非在职人员的巡回安排

资料来源：作者自绘。

取三次巡回的非在职人员的巡回安排。如图所示，S－S－S 的巡回模式占每天所观察的三次巡回的 64.29%，说明大多数非在职人员一天中有三次单目的巡回。另有 14.29% 选择一次多目的巡回作为他们的第一或第二巡回选择，其余两次为单目的巡回。少数人（7.14%）选择一次多目的巡回作为他们一天当中最后一次巡回。对于非在职人员来说，这些特殊的巡回安排也表明不同巡回决策可能存在巡回相互依赖的关系。

第五节　小结

在试图解决城市交通问题时，对于出行行为的决策研究是必要的。然而，这样的理解时常是有限的，尤其是谈及发展中国家的城市时更是如此。至今，关于出行链的研究还较少，尤其是在出行链与城市形态的关系研究方面。其中一个原因是数据的可获得性不足。例如，在中国，政府没有国民出行调查或是公开的居民日常详细出行信息（Pucher et al.，2007）。

基于土地使用数据和活动日志调查，本章分别探讨了在职人员与非在职人员的社会经济属性、城市形态特点和基于巡回的出行行为之间的关系。巡回决策过程主要包括巡回产生、巡回类型选择和巡回相互依赖机制。与以往的研究不同，本章在非汇总水平上分析巡回行为，研究了在职人员和非在职人员的城市形态与出行链的关系，同时考虑到巡回的顺序安排和巡回的相互依赖性，这在以往的研究中是很少被考虑的，对中国来说更是如此。在职人员家庭属性与巡回数量紧密相关。例如，高收入或是有孩子的在职人员往往在一个典型的工作日发生更少次数的巡回，但当他们离开家后，会产生更多的中间停留点。老年人往往采取更多的巡回，在去工作之前参加一些非工作活动，这明显与发达国家的情况不同（Noland and Thomas，2007）。然而，在谈及巡回次数时，无法观察到性别上的显著差异，女性在职人员在一个巡回中往往产生更多的停留点，在途中参加一些非工作活动（大部分是维持家庭的活动，比如购物、照顾小孩和处理家庭琐事）。

至于城市形态，描绘出行链中城市形态的作用是较为复杂的。例如，使用一个基于活动的模型去分析土地使用对家庭购物出行决定的影响，发现土地使用模式对整体的购物出行频率没有影响（Limanond and Niemeier, 2004）。相比之下，对于美国来说，城市形态会影响出行行为，更高可达性（高密度）的地区会产生更多的巡回、更少的停留点（Crane, 1996; Krizek, 2003）。欧洲在城市形态与出行链方面也有类似的研究，发现较高的密度导致更频繁的巡回，巡回更加复杂，有更多的停留点（Maat and Timmermans, 2006）。然而，也有一些研究得出不同的结论，例如低密度的郊区导致更高的巡回频率，且这些巡回在高密度的地区变得更加复杂（Noland and Thomas, 2007）。

在这些研究中，住宅和工作地的土地使用特点与居民的巡回频率紧密相关，但与巡回复杂性的关系并不一致。例如，较高的住宅密度对于在职人员来说，会产生更多基于家庭的简单巡回，而工作地的高密度和高可达性的土地混合利用则导致一个更复杂的巡回模式中出现更多的停留点。对于非在职人员来说，居住在较高密度或是更加接近地铁站的人往往更频繁地离家和产生更多的中间停留点。此外，对于在一天当中发生好几次巡回的居民来说，第一巡回模式与采取的巡回序列紧密相关，表明一个巡回行为会影响另一个巡回类型的选择。本书首次揭示了不同巡回之间的交互依赖效应，更好地理解了出行链及其影响因素。

第五章
居民日常出行与交通碳排放

第一节　研究方法

北京快速的城市扩张和空间重组已经大大增加了居住地和工作场所之间的出行需求（Fernandez，2007）。郊区化的发展会促进郊区的住宅繁荣，然而大部分就业机会仍然集中在城市中心（Zhao et al.，2010）。一方面，由于工作场所与居住空间不匹配，郊区居民通常面临较低的工作场所可达性，并忍受着长距离的通勤（Zhou et al.，2013）。另一方面，与西方城市郊区土地单一利用的发展模式不同，国内由房地产开发商就地规划和建造基本服务设施，如商店、餐馆、幼儿园和学校等，郊区居民可能仍在一定程度上享受基础服务。因此，有必要区分出行目的，以便了解城市形态分别对工作活动和非工作活动及其碳排放产生的影响。

本章研究社会经济属性和土地利用特征如何影响居民日常出行行为的 CO_2 排放。针对与工作相关的出行活动和与工作不相关的出行活动，分别建立模型，试图了解不同的城市形态因素对工作出行和非工作出行的 CO_2 排放量的影响。基于活动日志调查，采用结构方程模型（SEM）来分析城市形态变量如何影响出行行为和不同出行目的的 CO_2 排放，同时考虑居住自选择问题和社会人口属性（Ma et al.，2015a）。

与传统的多元回归模型相比，SEM 方法更能解决城市形态和出行行为之间的内生性问题，并能研究不同外生变量和内生变量之间的直接、间接和总体影响（Cao et al.，2007；Cervero and Murakami，2010；Wang and Chai，2009）。没有潜在变量的结构方程模型可以定义为（Lu and Pas，1999）：

$$y = By + \Gamma x + \zeta \quad (5.1)$$

其中，y 表示内生变量，x 表示外生变量，B 表示内生变量对其他内生变量的影响系数矩阵，Γ 表示外生变量对内生变量的影响系数矩阵，ζ 是方程中的误差向量。

为了考虑可能的居住自选择问题，本章将城市形态、出行特征以及 CO_2 排放作为内生变量。图 5－1 展示了概念框架。本章使用个人出行作为研究的基本单元，以便捕捉不同的城市形态因素对不同出行目的的出行行为和随之产生的 CO_2 排放的影响。例如，在工作出行模式中，本章考虑了与人们的就业机会相关的城市形态因素，包括零售雇佣密度、到最近就业次中心的距离和地铁可达性。在非工作出行模式中，我们从 3 个维度来考虑社区尺度的城市形态，即零售雇佣密度、到最近休闲设施的距离以及地铁可达性。

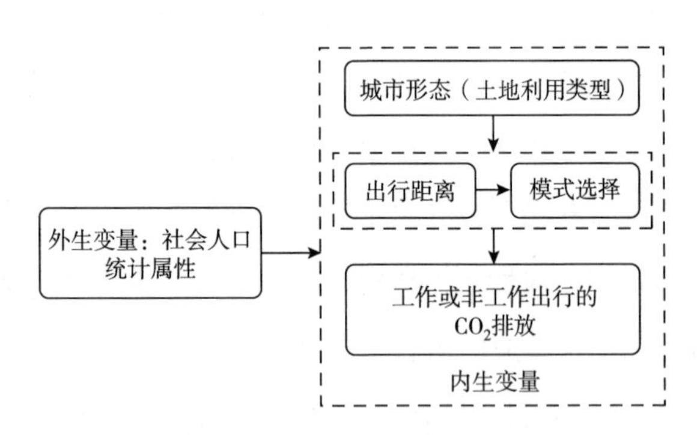

图 5－1　SEM 分析的概念框架

出行特征由出行距离和出行模式选择来测量。本章在这项研究中确定了 7 种类型的模式——步行、自行车（包括电动车）、公共汽车、地铁、摩托车、出租车和私人汽车，而低碳出行模式指的是步行、自行车、公共汽车和地铁。每次出行的 CO_2 排放量根据行驶的距离和与出行模式相关的

CO_2 排放因子计算：

$$CE_i = Distance_i \times Factor_i \tag{5.2}$$

其中，CE_i表示行程 i 当天的碳排放，$Distance_i$是指行程 i 中行驶的距离，而 $Factor_i$表示行程 i 中与使用的交通模式相关的排放因子。

由于中国缺乏不同出行模式的排放因子，此处使用的排放因子来源于欧盟的 TREMOVE 基准模型，包括出行期间的能源直接排放和来自能源制造的生命周期碳排放（European Commission，2006；Grazi et al.，2008）。虽然构建欧盟 TREMOVE 基准模型的基本情景可能与中国城市的情况不同，但该模型提供了与本书相关的所有城市交通模式的排放因子。实际上，中国大多数车辆的排放因子与欧洲国家大致相当，这是因为中国的主要车辆制造技术来自欧洲，而在北京实施的车辆排放标准基本上符合欧盟标准（Wu et al.，2011）。1999 年 1 月 1 日，北京市环境保护局提高了车辆废气排放标准，实施轻型车辆欧 Ⅰ 标准；欧 Ⅱ 到欧Ⅳ也自 2003 年以来每三年在北京引进和实施（Hao et al.，2006）。这些严格的欧盟排放法规减少了中国的车辆平均排放因子，2008 年欧盟实施欧Ⅳ标准后，北京和欧洲城市之间的差距更小。最后，社会人口学特征在 SEM 模型中被识别为外生变量，包括性别、年龄、月收入、汽车所有量、家庭工作成员数量和人均居住面积。

第二节　出行行为和碳排放

总体而言，城郊社区的平均出行距离和 CO_2 排放量都要高于传统的胡同院落社区和单位大院社区（见图 5－2 和图 5－3）。低碳出行模式（如步行、自行车或公共交通）在传统社区中的比例也要高于城郊商品房和经济适用房社区（见图 5－4）。此外，工作出行和非工作出行在出行特点和伴

随的 CO_2 排放上都有很大不同。与工作相关的出行往往距离更长，更少使用低碳出行模式，比非工作出行排放更多的 CO_2。在工作日的所有出行中，与工作相关的出行的平均距离约为 9.0 公里，非工作出行的平均距离仅为 4.3 公里。这种差异在回龙观社区中体现得最为明显，其中非工作出行的平均距离比工作出行平均距离的 1/3 还短。平均而言，工作出行排放的 CO_2 约为 0.8 千克，而非工作出行仅排放 0.4 千克。

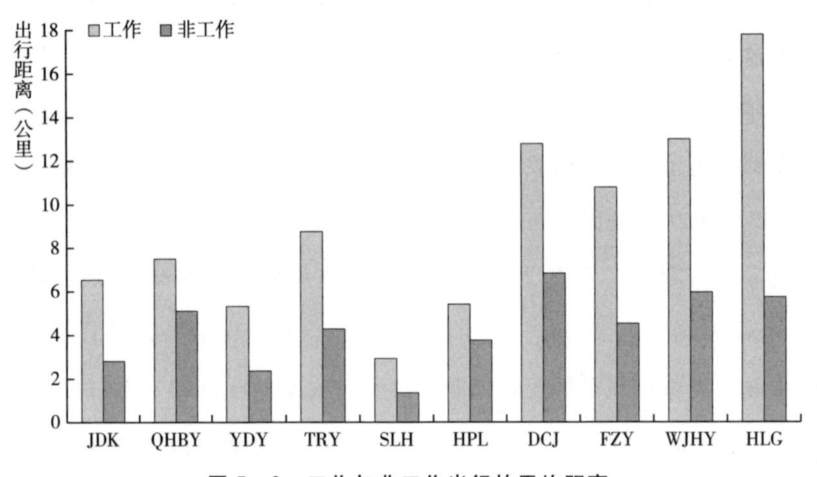

图 5－2　工作与非工作出行的平均距离

资料来源：作者自绘。

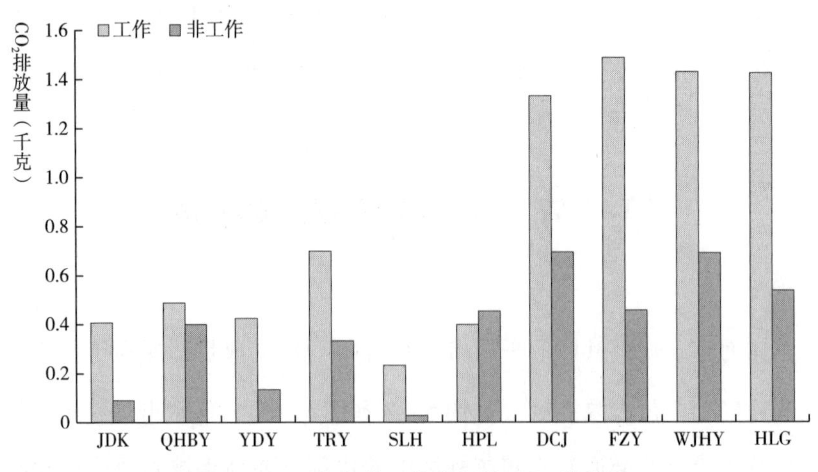

图 5－3　工作与非工作出行的 CO_2 排放量

资料来源：作者自绘。

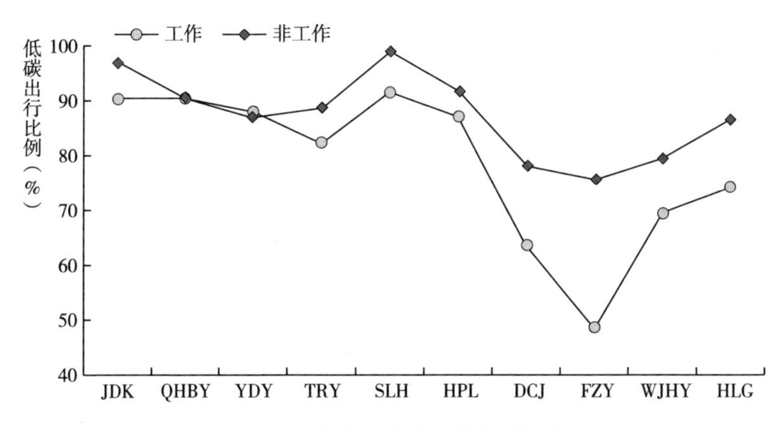

图 5－4　工作与非工作出行的低碳出行比例

资料来源：作者自绘。

另外，工作出行的平均距离在不同社区差别很大，如单位大院社区三里河（SLH）为 2.9 公里，而经济适用房社区回龙观（HLG）为 17.8 公里；但对于非工作出行，平均距离范围更小，为 1.3～6.8 公里。这主要是因为胡同院落社区和单位大院社区大多位于工作集中的市中心，而北京的城郊社区往往存在严重的职住错位。与传统社区的居民相比，城郊的大多数居民必须忍受更久的通勤时间。此外，与工作出行相关的 CO_2 排放量在不同社区存在较大差异，而不同类型社区中非工作出行的 CO_2 排放差距较小。

第三节　模型结果

一　城市形态对出行行为和交通碳排放的影响

图 5－5 展示了工作出行模型（A）和非工作出行模型（B）内生变量之间的直接效应。在工作出行模型中，工作密度对工作相关活动的出行距离有直接的负影响，这表明居住在就业密度较高地区的人们通勤距离较短（见图 5－5A）。此外，邻近就业次中心的社区往往具有更高的工作密度。

到最近的就业次中心距离对工作活动的距离具有间接的正向影响，也就是说，居住在靠近就业次中心社区的人们出行距离往往较短。这表明城市就业次中心，如中关村（在郊区建立的高科技产业中心）在缩短通勤距离方面发挥了重要作用。而人口、就业机会、住房和各种服务的权力下放塑造了北京的空间重组过程，促进了多中心城市形态的发展（Qin and Han，2013b）。

类似地，零售雇佣密度对非工作出行的距离有显著的直接负面影响（－0.733）（见图 5－5B），表明零售雇佣密度较高、土地混合利用的社区居民倾向于缩短他们基于非工作目的的出行距离。这个结果大致与其他研究一致，并且倾向于支持城市紧凑发展。此外，更高的地铁可达性增加了在工作出行和非工作出行中选择低碳模式的概率（直接效应分别为 0.141 和 0.268）（见图 5－5）。较长的工作或非工作出行距离直接增加了使用汽车而不是低碳出行的概率，而密度和邻近性等对出行模式的选择具有间接的正向影响。

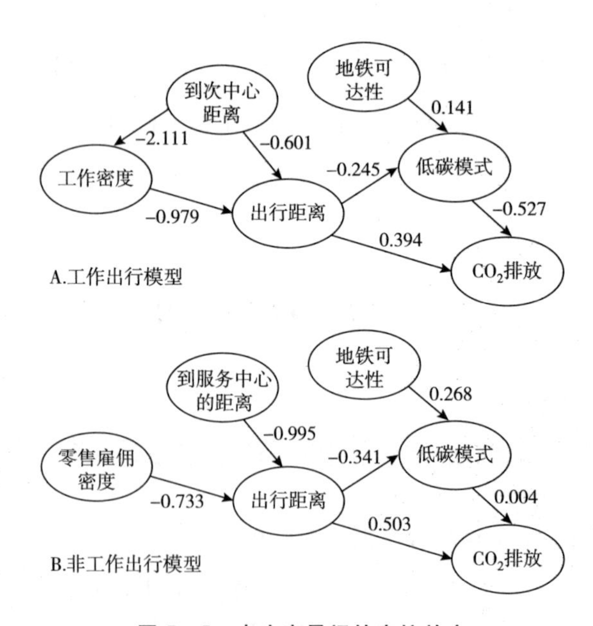

图 5－5　内生变量间的直接效应

资料来源：作者自绘。

就 CO_2 排放而言，较长的出行距离直接增加了单程出行所排放的 CO_2，对工作出行的直接效应为 0.394，对非工作出行的直接效应为 0.503（见图 5－5）。使用低碳出行模式显著减少了工作出行的 CO_2 排放量（直接效应为 －0.527），但这种效应对非工作出行并不显著。此外，城市形态因素通过人们对出行行为的选择来影响 CO_2 排放。例如，在工作出行模型中，更高的工作密度和地铁可达性会显著降低 CO_2 排放水平，因为这样的土地利用模式有利于较短的通勤距离和选择低碳出行。

二　社会经济属性对出行行为和交通碳排放的影响

对于工作出行模型和非工作出行模型，除了一些个别差异，外生变量对内生变量的影响非常相似，关于外生变量的直接、间接和总效应见表 5－1 和表 5－2。SEM 分析在一定程度上证实了居住自选择过程。例如，男性、年轻人和拥有汽车的居民喜欢生活在较低的工作或零售雇佣密度社区，而就业成员较多的家庭如双职工家庭更喜欢住在工作密度较高的社区，并且对地铁可达性具有显著的偏好。对于出行行为而言，男性对工作出行距离有显著的正向总体影响（0.193），但对非工作出行距离的影响不显著。这表明虽然男性和女性居民对非工作活动（例如购物）没有显著的出行差异，但是男性居民的通勤距离相对较长，由此产生的交通 CO_2 排放也显著高于女性。老年人的工作和非工作出行距离都显著低于青年和中年人，他们更有可能选择低碳出行模式，从而减少 CO_2 排放。相比之下，高收入居民和汽车拥有者往往出行距离更长，并在工作和非工作出行中较少使用低碳模式。总的来说，年轻人、高收入群体和汽车拥有者在日常出行中排放更多的 CO_2。

表 5－1　工作出行模型中外生变量的影响效应

变量	效应	性别	年龄	月收入	汽车拥有量	在职人员数量	住房面积
工作密度	总效应	-0.094	0.138	0.108	-0.317	0.120	-0.576
	直接效应	-0.118	0.155	-0.032*	-0.161	0.324	-0.160
	间接效应	0.024*	-0.017*	0.140	-0.015	-0.204	-0.416
到最近次中心的距离	总效应	-0.011*	0.008*	-0.066	0.074	0.096*	0.197
	直接效应	-0.011*	0.008*	-0.066	0.074	0.096*	0.197
	间接效应	—	—	—	—	—	—
地铁可达性	总效应	—	0.051	-0.054	-0.153	0.270	0.761*
	直接效应	—	0.051	-0.054	-0.153	0.270	0.761*
	间接效应	—	—	—	—	—	—
工作出行距离	总效应	0.193	-0.373	0.096	0.328	-0.086*	-0.049*
	直接效应	0.094*	-0.233	0.162	0.062*	0.090*	-0.494
	间接效应	0.099	-0.140	-0.066	0.266	-0.176	0.445
低碳模式选择	总效应	-0.239	0.061	-0.148	-0.575	0.102	-0.017*
	直接效应	-0.192	-0.038	-0.117	-0.473	0.042*	-0.136
	间接效应	-0.047	0.099	-0.031	-0.102	0.059	0.119
工作出行的 CO_2 排放	总效应	0.201	-0.066	0.085	0.457	-0.053*	0.111*
	直接效应	-0.001*	0.113	-0.031*	0.025*	0.034*	0.122
	间接效应	0.202	-0.179	0.116	0.432	-0.087	-0.011*

注：* 表示影响效应不显著。

资料来源：根据模型结果整理绘制。

表 5－2　非工作出行模型中外生变量的影响效应

变量	效应	性别	年龄	月收入	汽车拥有量	在职人员数量	住房面积
零售雇佣密度	总效应	-0.167	0.106	0.388*	-0.721	0.076*	-0.903
	直接效应	-0.167	0.106	0.388*	-0.721	0.076*	-0.903
	间接效应	—	—	—	—	—	—
到最近休闲设施中心的距离	总效应	0.141	-0.199	-0.233	-0.213	0.047*	0.768
	直接效应	0.141	-0.199	-0.233	-0.213	0.047*	0.768
	间接效应	—	—	—	—	—	—

续表

变量	效应	性别	年龄	月收入	汽车拥有量	在职人员数量	住房面积
地铁可达性	总效应	—	-0.025*	-0.044*	-0.159	0.227	0.618*
	直接效应	—	-0.025*	-0.044*	-0.159	0.227	0.618*
	间接效应	—	—	—	—	—	—
非工作出行距离	总效应	0.034*	-0.205	0.116	0.167	-0.070*	-0.160
	直接效应	0.052*	-0.325	0.170	-0.149	0.032*	-0.057*
	间接效应	-0.018*	0.120	-0.053	0.316	-0.102	-0.104
低碳模式选择	总效应	-0.165	0.238	-0.126	-0.443	0.055	-0.049*
	直接效应	-0.154	0.175	-0.075	-0.344	-0.030*	-0.269
	间接效应	-0.012*	0.063	-0.051	-0.100	0.085	0.220
非工作出行的 CO_2 排放	总效应	0.063*	-0.146	0.035*	0.183	0.219	0.115
	直接效应	0.047*	-0.044*	-0.024*	0.100	0.254	0.196
	间接效应	0.017*	-0.102	0.058	0.082	-0.035*	-0.081

注：* 表示影响效应不显著。

资料来源：根据模型结果整理绘制。

第四节　小结

尽管学术上对城市形态、出行行为和交通 CO_2 排放之间关系的兴趣日益浓厚，但现有大多数研究并没有区分出行目的，而是假定所有出行都受相同的城市形态因素的影响。本章研究不同活动目的的出行行为以及交通 CO_2 排放受不同空间尺度的土地利用特性的影响。结果发现，对于居住在传统社区中的居民来说，其出行行为更加环保、低碳，而这些社区主要是土地混合利用、公共交通便利的地区。换句话说，较高的工作密度、靠近就业中心和地铁可达性较好有利于基于工作目的的低碳出行，而零售雇佣密度较高、土地混合利用和地铁可达性较好有利于基于非工作目的的低碳出行。此外，与非工作出行相比，工作出行或通勤和随之产生的碳排放在不同社区存在较大差异，表明职住错位是增加出行需求和交通 CO_2 排放的主要因素。相比之下，非工作出行的碳排放在各个社区的差异较小，在一定程度上体现了城市规划的积极影响，即在居住区附近提供基本服务设施，这点与西方国家有所不同。

本章的研究结果表明，高密度、土地混合利用和良好的公共交通可达性降低了居民对汽车使用的依赖，缩短了出行距离，进而减少了碳排放，这与之前的文献结果一致，支持城市紧凑发展。与大多数西方国家不同，由于国家拥有土地所有权，中国政府有很大的潜力来规范土地利用的配置和城市发展（Yang，2006）。通过土地利用规划政策、公共交通建设和其他金融工具，中央和地方政府可以在重塑城市形态和改变出行行为方面发挥重要和积极的作用（Pan et al.，2009）。若国家全面而有效地实施多种公共政策，包括土地利用规划、城市设计、经济监管和技术改进，则有可能实现低碳城市的可持续发展。

第六章
交通出行和碳排放的空间微观模拟

第一节　交通碳排放估算方法

基于之前的统计分析，家庭和个体的社会经济属性，如性别、年龄、受教育水平、就业、职业是人们日常出行行为的重要预测因素。因此，本章将这些重要的社会经济属性作为约束条件来合成大样本人口数据集，并且模拟大样本居民日常出行行为和随之产生的交通 CO_2 排放。本章提出了一种新的自下而上的方法，可以基于个体的日常出行行为来更好地估算城市交通 CO_2 排放。

已有研究通常采用两种方法估计交通 CO_2 排放。第一种方法是使用总能耗数据或考虑车辆数量和每辆车平均行驶公里数（VKT）来估算 CO_2 排放量。这种自上而下的方法很简单并且得到了广泛应用（Dhakal，2009；Hu et al.，2010），例如在燃料消耗的基础上估算中国 2007 年在国家和地区尺度上的 CO_2 排放（Cai et al.，2012）。但是，这种方法在城市尺度上的应用常常受到数据限制，特别是缺乏关于城市车辆、全市能源使用和每辆车平均行驶距离的可靠数据（He et al.，2013）。此外，我们知道一个城市的物理形态（比如密度）影响人们每天的出行距离、出行方式选择以及 CO_2 排放（Grazi et al.，2008），但是采用第一种方法无法直接将出行行为和土地利用模式或城市发展政策联系起来。

与此相反，第二种方法基于出行属性来估计 CO_2 排放，包括出行频率、模式选择和车辆每次的行驶里程（He et al.，2013）。这种自下而上的方法不仅可以区别不同类型车辆的 CO_2 排放，而且可以帮助我们理解其他因素，比如社会属性或城市形态特点对碳排放的影响。这对检验城市发展情景或战略政策以及计划干预对碳排放可能产生多大的影响较为有效。此外，这对燃料类型、速度和道路条件也是有影响的（Cai et al.，2012）。这种方法在城市空气质量和 CO_2 排放分析中非常有用，但很少在个体层面研究人们的出行行为或考虑城市形态。这可能是因为需要大量的人口出行行为的详细数据，而这些数据一般难以获取，尤其是在发展中国家，比如中国的一些快速增长的大城市。

基于对出行行为的理解以及人口普查，本章采用静态空间微观模拟的方法，在精细空间尺度下合成大样本人口数据集，以此为基础来模拟整个城市人口的日常出行以及随之产生的 CO_2 排放。这种方法提供了一种新的分析思路来估计交通 CO_2 排放，通过这种方式人们可以更加深入地了解微观尺度下交通 CO_2 排放的空间差异（Ma et al.，2014a）。本章第二节将详细说明空间微观模拟如何在一个“可变模型框架”（Flexible Modelling Framework，FMF）下开发，这个框架使用一种模拟退火算法和一种约束规范的方法。第三节讨论了模型验证问题。第四节为各种约束条件下的出行分析。第五节讨论了人口合成和城市出行以及 CO_2 排放的空间模拟结果。本章的最后一节则讨论了交通 CO_2 排放和社会经济指标之间的关系，并给出了相应的结论。

第二节　微观模拟技术

一　引言

空间微观模拟是本书使用的一种建模技术。空间微观模拟用于模拟给定地理区域内的虚拟人群，使其特征尽可能接近真实情况（Ballas et al.，2007）。该方法有许多优点，包括数据连接方便、尺度改变的灵活度高、贮存的效率高，以及便于更新和预测（Clarke，1996）。就出行分析而言，空间微观模拟是一种有效的非汇总建模技术，它可以复制复杂出行系统的过程，从而产生对真实世界出行行为的更好估计（Bhat et al.，2004）。相较于在交通研究方面的传统四阶段法，空间微观模拟有 3 个主要的优点：（1）在大量多元概率矩阵的计算和存储方面节省了计算量；（2）对多种出行链决策和时空约束下的出行行为进行显式建模；（3）结果的可变性，可以产生关于出行需求统计分布的完整信息，而不是单一的确定性估计或平均值（Vovsha et al.，2002）。

空间微观模拟方法通常包括 3 个主要步骤。（1）从样本和调查中构建微观数据集。（2）进行静态假设模拟（Static What-if Simulations），估计不同政策情景对人口的影响：谁会从特定的地方政策或国家政策中受益；哪些地理区域受益最大。（3）进行动态模拟，根据数学模型或基于规则的模型更新代理的特征，并创建面向未来的场景模拟（Ballas et al.，2005）。第一个过程也可以定义为静态空间微观模拟，涉及对现有微观数据样本进行加权，以使其适合区域人口统计表（Ballas et al.，2006）。一般而言，用来合成空间微观数据的技术主要包括 3 种，即确定性加权技术、条件概率技术（蒙特卡罗模拟）和模拟退火算法（Harland et al.，2012）。在选择最适合本书的方法之前，先简要回顾这三种方法（马静，2019）。

二　确定性加权技术

最常见的确定性加权技术是基于迭代比例拟合，用一个简单方程式对微观个体数据不断赋予新的权重，使其与不同地域单元的人口属性空间分布特征相匹配（Hermes and Poulsen，2012）。例如，利用家庭调查数据和人口普查统计表，通过确定性加权技术对家庭调查样本赋予权重，并随着约束条件的增加对初始权重进行不断调整，直到加权后的家庭调查样本的属性特征与真实的人口普查统计表之间的拟合优度最大化。该方法已广泛应用于空间微观模拟，如社会政策评估和医疗保健研究。具体的权重赋值过程可以被定义为（Ballas et al.，2005）：

$$n_i = w_i \times s_{ij} / m_{ij} \tag{6.1}$$

其中，n_i表示对调查样本 i 赋予新的权重，j 表示该样本的某一社会经济属性，w_i表示调查样本 i 的初始权重，s_{ij}表示个体 i 及属性 j 在汇总层面的人口普查统计表中对应的元素，m_{ij}表示个体 i 及属性 j 在家庭调查样本中对应的元素。

一般而言，每个调查样本的初始权重赋值为 1，最终赋予的权重通常为小数。运用该技术首先需要把选择的约束条件或约束变量，如性别、年龄、受教育程度等进行排序，依据变量的先后顺序逐步进行权重赋值，不断用新的权重替代初始权重，直至最后一个约束变量按照式（6.1）完成赋值过程。由于最后一个约束变量的拟合优度最好，在进行变量排序的时候通常将最为重要的约束变量放在最后进行加权。依次完成所有约束变量的加权过程即为一次迭代或循环，将该循环的新权重作为初始权重按照式（6.1）进入第二个循环，重新对所有约束变量依次进行权重赋值过程。一般而言，完成 10 次迭代或循环过程之后得到的最终权重相对比较稳健，可以作为最终结果进行模拟研究（Anderson，2011）。

总体而言，确定性加权技术操作简单，运算速度快，且每次运行结果相同，生成的最终权重相对比较稳健。但缺点也较为明显，对约束变量的构成及排序非常敏感。同时，由于其假定空间地域单元具有同质性特征，所以在模拟不同地域人口空间分布的时候产生的误差较大。已有一些学者对该技术进行了改进。例如，将不同的空间地域单元按照一定的社会经济属性特征进行聚类分析，对具有相似人口属性特征的地域单元进行确定性加权，然后分别对不同类型的地域单元进行权重赋值过程，以此生成具有区域典型特征的虚拟人口数据集进行模拟研究，这样可以减少由同质性假设所产生的误差（Smith et al.，2009）。

三　条件概率技术

条件概率技术是基于合成重构过程（Birkin and Clarke，1988）。条件概率技术主要基于不同社会经济属性的条件概率分布情况，依次合成大样本虚拟人口的社会经济属性特征。每种属性的特征（如男性或女性）都会依据相关的约束条件随机添加到每个个体（Harland et al.，2012）。该技术基于一个次序随机分布过程（Sequentially Random Distribution Process）而非确定性加权，通常也被称为蒙特卡罗模拟。对于每个区域，为每个个体创建一个合成记录，并根据其条件概率依次添加每种属性（Birkin and Clarke，1988）：

$$p(x) = p(x_1) \times p(x_2/x_1) \times p(x_3/x_2, x_1) \times \cdots \times p(x_m/x_{m-1}, \cdots, x_1) \tag{6.2}$$

如式（6.2）所示，随着所要合成的属性或变量逐渐增加，条件概率会变得更为复杂。由于后一个变量的条件概率依赖前一个变量的概率分布，所以在使用该技术的时候需要对约束条件或约束变量进行排序，概率分布较为均匀或较为重要的约束变量通常放在前面进行模拟赋值，例如性别、年龄等，其他社会经济属性变量如种族、职业状况等则通常放在后面进行模拟研究（Harland et al.，2012）。例如，合成重构的顺序可以从创建一组户主开始，这些户主通过蒙特卡罗模拟从普查数据集的已知总分布中分配了空间位置、性别、年龄和婚姻状况（Williamson et al.，1998）。该技术涉及联合概率，并且需要多次重复计算才能得出拟合分布，也就是说，它为部分条件概率分布提供了最大似然估计（Birkin and Clarke，1989；Ballas and Clarke，2000）。有关迭代比例拟合的数学性质和理论细节可参见以前的研究（Norman，1999）。

由于运用条件概率技术在进行虚拟人口数据集的生成过程中涉及随机分布和随机选择原理，所以每次运行结果都会具有差异性。使用该技术通常需要多次运算，然后计算平均值作为最终模拟结果。条件概率技术的优势明显，例如容易建模，运算速度较快，不需要微观层面的调查样本，不同属性特征的条件概率可以从其他公开的政府数据中获取，通过整合不同类型的数据源可进行虚拟人口数据集的生成过程，因此该技术被广泛应用于空间微观模拟研究中。然而该技术也存在一定缺陷，例如对约束变量的构成及排序非常敏感，此外，如果选取较多的约束变量去模拟人口属性概率空间分布特征，则可能会产生较大误差（Voas and Williamson，2000）。

四　模拟退火算法

模拟退火算法是一种组合最优化方法，是对爬山算法的提炼和改进。在爬山算法运行过程中，如果一个随机选择的替代元素能提升模拟人口数据集的整体拟合优度，即减小模型的误差，该替代元素则被选入人口数据集；相反，如果该替代元素降低了模型的拟合优度则被删除。不断重复此过程直到模型的拟合优度无法改善为止。爬山算法最大的缺点是在随机选择潜在的替代元素过程中不能后退，生成的人口数据集较大可能是次优组合而非最优组合（Williamson et al.，1998）。

模拟退火算法在爬山算法基础上进行改进，放松该算法的基本假设以克服其缺点。对于模拟退火算法而言，为了寻求最优组合，一些随机选择的替代元素即使让模型拟合优度变差，但只要满足一定的条件，同样可以被选入人口数据集。换言之，是否接受一个潜在的替代元素主要取决于以下方程式（Williamson et al.，1998）：

$$p(\delta E) = \exp(-\delta E/T) \tag{6.3}$$

其中，δE 表示模拟人口数据集的拟合优度可能产生的变化，T 表示在选择集中随机替换一个元素使得结果变差所能接受的最大程度。由于替代元素是随机选择和评估的，那些使得模型拟合优度提升的替代元素自动被接受，而那些使得模型结果暂时变差的替代元素被删除，如果其 p（δE）大于一个介于 0 和 1 之间的随机数则被接受。如式（6.3）所示，δE（即模型误差的增加值）越小，替代元素被接受的可能性则越大；相反，设置的临界值 T 越小，替代元素被接受的可能性则越小（Williamson et al.，1998）。

此外，该算法对选取的约束条件或约束变量的整体拟合优度同时进行评估，因此不受约束变量结构或顺序的影响。模拟退火算法从样本总体中随机选择合成群体进行优化，以减少总绝对误差，并为每个地理区域的真实人群提供最佳匹配。样本总体中每个个体的权重可以是 0，表示排除；也可以是总人口数的任何数字，表示特定个体在特定地理区域被选中的次数。这与确定性加权中的十进制值有很大不同。这种方法的强大之处在于它包含 Metropolis 算法，在寻求最优化组合过程中同时允许前进和后退，这是确定性加权和条件概率等技术所不具备的（Harland et al.，2012）。图 6－1 说明了模拟退火算法的操作过程。

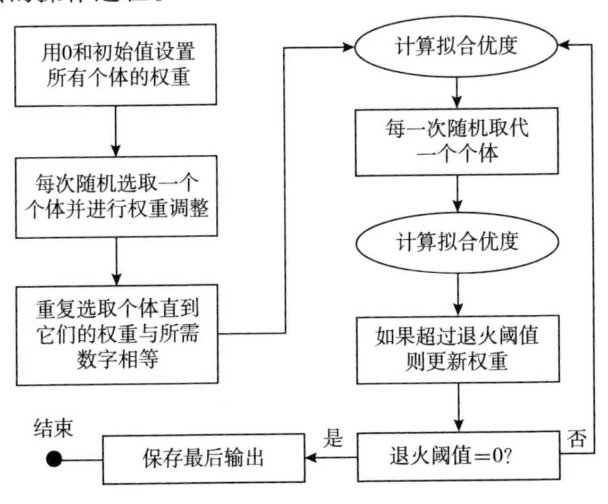

图 6－1　模拟退火算法的操作过程

资料来源：作者自绘。

通常认为模拟退火算法是合成重构空间微观数据中最流行的，也是最有效的方法（Birkin and Clarke，2011）。现有的一些研究表明，模拟退火算法可以在各种空间尺度下生成最准确的虚拟人口数据集（Williamson et al.，1998；Harland et al.，2012）。例如，在英国利兹地区不同空间尺度下对比这 3 种技术的模拟结果，发现模拟退火算法生成的虚拟人口数据集与真实的人口普查数据更为匹配，模拟误差最小（Harland et al.，2012）。此外，使用模拟退火算法生成的人口数据集反映了被观察群体的真实情况，该人口数据与总约束条件保持一致，同时保持了调查样本总体中包含的丰富属性。该方法适用于需要丰富属性的空间微观模拟问题，同时又能保证紧密的约束匹配。在本书中，模拟退火算法能更好地处理数据约束。因此，本书采用模拟退火算法，在精细的空间尺度（即街道尺度）下创建 2000 ~ 2010 年的大样本虚拟人口数据集。

第三节　构建空间微观模拟模型

一　可变模型框架：建模工具

利兹大学开发的可变模型框架是一个能够协助社会科学模型发展的通用软件框架。它结合了基于模拟退火算法的静态空间模拟方法，能够帮助构建单个时间段的大样本人口微观数据。可变模型框架简化了数据的操作、处理，它对模型属性及其关系没有限制。虽然这款软件直到最近才被广泛地在学术界发布，但自 2005 年以来它一直在利兹大学内部开发和测试。

已有证据显示，模拟退火算法能够帮助在不同地理尺度下合成最优的虚拟人口数据集（Harland et al.，2012；Hermes and Poulsen，2012；Voas and Williamson，2000）。它的优点非常突出，如允许在其搜索最佳群体配置中采取反向步骤的 Metropolis 算法，防止算法陷入次优解，而无法找到全局最优解。模拟退火算法是一种组合优化技术，优化过程是对样本和约束数据集共有的已知属性进行操作。生成的人口数据集是与约束总体近似校准的真实体现，同时保持了在调查样本群体中丰富的属性（例如关于日常出行行为的信息），但这种方法需要进行敏感性检验。

二 约束条件

本章使用的第一个数据集为 2007 年在北京开展的一项活动日志调查，其中包括 1026 个居民样本在工作日有效且持续的活动和出行记录；使用的第二个数据集是 2000 年由国家进行的第五次全国人口普查。这两个数据集的详细信息在第三章中已列出。这项研究使用人口普查数据中 10% 的长表数据，因为它包括更为丰富的社会人口统计属性。14 岁及以下的人并不包括在活动日志调查中，但这两个数据集都包含 15 岁及以上的社会人口学特征，如性别、年龄、受教育程度、就业和职业等。在这两个数据集中，家庭层面的属性、平均住房面积和住房产权也都存在。综上所述，本研究的目标人群为北京市 2000 年城八区 146 个街道 15 岁及以上的共计 721894 个居民。

空间微观模拟方法试图合成一个理想的虚拟人口数据集，使该数据集的结构与真实人口相匹配，最重要的是有效选择约束条件（Smith et al.，2009）。此外，约束属性在调查数据和人口普查中必须同时存在。如前面统计模型分析所描述的，年龄、性别、受教育程度、就业、职业、住房面积、住房产权①等家庭和个人社会经济属性都对出行行为有显著影响，而且都是两个主要数据集里存在的变量。因此，本章使用这些属性作为约束条件在街道尺度下合成大样本虚拟人口数据集。

---

① 如第四章所示，月收入对人们日常出行行为有显著影响，但在人口普查中没有这个变量。微观模拟模型中使用住房面积和住房产权作为约束条件，因为这两个变量在一定程度上代表了家庭的经济状况，并且在以往的研究中发现其对出行行为具有显著影响。

表6-1给出了这7个约束的描述。如表所示，15岁及以上的人被分成5个年龄组；教育属性有三大类：初等（初中和以下）、中等（高中、中专）和高等（本科及以上）。就业属性分为就业、失业、退休和其他4个类别，而就业的居民则按职业进一步分类：学生，政府或公共机构的在职人员职工（职工TP1），工厂、服务公司的在职人员职工（职工TP2）以及其他。在家庭层面的属性中，住房产权分为自有或租赁；城市居民人均住房面积分为两大类：低（小于30米^2/人）和高（大于等于30米^2/人）。

表6-1　约束条件描述

社会经济属性	分类
性别	男性、女性
年龄	15~29岁、30~39岁、40~49岁、50~59岁、60岁及以上
受教育程度	初等、中等、高等
就业	就业、失业、退休、其他
职业	学生，政府或公共机构的在职人员职工，工厂、服务公司的在职人员职工，其他
住房产权	自有、租赁
住房面积（米^2/人）	<30、≥30

资料来源：根据2007年活动日志调查整理绘制。

确保调查人口在总体普查数据中为一般人口的代表，是产生真实微观模拟人口的关键。这是通过比较人口普查数据和调查数据集之间的属性组合来实现的。从理论上讲，这些约束有720种组合，但是其中有些是不可行的（例如15~29岁处于退休状态或60岁及以上作为学生）。本书使用调查样本创建了7个约束条件的多个二维交叉列表，而这些调查样本表明在活动日志调查中所观察的所有组合都是合理的，并且能够代表从人口普查数据中识别的预期组合。这表明出行调查数据具有较好的代表性。

三　评价指标

使用空间微观模拟技术生成的虚拟人口数据集可以通过一些拟合指标

(Goodness-of-fit Index) 来评估模拟结果的优劣。由于模拟结果通常是对未知数据的模拟和估算，需要将微观模拟的结果汇总至一个合适的空间尺度，然后对选择的控制变量 (Constrained Variables) 和非控制变量 (Unconstrained Variables) 的人口属性统计交叉表进行评估 (Ballas and Clarke, 2001)。其中，最常用的空间微观模拟结果评价指标是总绝对误差 (Total Absolute Error, TAE)，可以被定义为：

$$TAE = \sum_i \sum_j | T_{ij} - E_{ij} | \tag{6.4}$$

其中，T_{ij}和 E_{ij}分别代表人口普查统计表中针对单元格 ij 中真实观察到的数据以及模拟生成的数据。

TAE 统计指标易于操作和理解，主要计算不同地域空间单元格中模拟生成的结果与真实世界的数值之间的绝对误差，因此也被称为分类误差 (Classification Error) (Harland et al., 2012)。该统计量属于测量误差的绝对指标 (Absolute Measure)，通常受到目标人群或样本总量的影响 (Voas and Williamson, 2000)。因此，在评估模拟结果优劣的时候通常也会用到一些相对指标 (Relative Measure)，如单元百分率误差 (Cell Percentage Error, CPE) 和标准均方根误差 (Standardised Root Mean Square Error, SRMSE)。其中 *CPE* 可以被定义为：

$$CPE = TAE/N \times 100\% \tag{6.5}$$

其中，*N* 代表不同地域空间单元格或属性对应的人口数值。此外，相对统计量 *SRMSE* 可以被定义为：

$$SRMSE = [\sum_i \sum_j (T_{ij} - E_{ij})^2 / m \times n]^{1/2} / (\sum_i \sum_j T_{ij} / m \times n) \tag{6.6}$$

其中，*m* 和 *n* 分别代表相应矩阵的维度 (Knudsen and Fotheringham, 1986)。

绝对指标和相对指标分别对模型结果的不同方面进行评估，可以在微观空间模拟研究中进行综合评价。使用这些统计指标对控制变量的模拟结果进行的评估通常被称为内部验证（Internal Validation）。此外，还可以对模拟结果进行外部验证（External Validation），即通过利用其他政府部门或研究团体公开的数据，以及其他文字资料比如政府报告、发表的文献等，对模拟结果进行评估和验证（Smith et al.，2009）。总而言之，对模拟结果进行评估是非常重要的一个步骤，可以采用多种指标或方法进行交叉验证。这些指标也是验证或评估虚拟人口的良好选择（Smith et al.，2009；Voas and Williamson，2000）。因为每个拟合优度统计都可以对模型结果的不同方面进行测试并且都有自己的优缺点，所以在这里本书使用不同统计指标来综合评估北京市合成人口的拟合优度。

第四节　约束属性的出行分析

本书主要考虑居民日常出行的几个维度，如出行频率、出行距离和出行模式选择。其中，低碳出行模式指的是步行、骑自行车（包括电动自行车）、乘坐公共汽车和地铁。此外，根据调查得出的数据，每个人一天出行所产生的 CO_2 都是根据一份当天的出行活动报告而估计出来的。这是根据不同出行模式的出行距离和特定的 CO_2 排放因子计算的：

$$CARBON = \sum_{i=1}^{m} Distance_i \times Factor_i \tag{6.7}$$

其中，*CARBON* 指居民个体在一个典型工作日由交通出行产生的 CO_2 排放，$Distance_i$ 是出行 i 在一天当中的出行距离，而 $Factor_i$ 指的是出行 i 的 CO_2 排放因子。

一　排放因子

在中国的城市环境中，所有出行模式都不存在普遍适用的排放因子

（Emission Factors，EF）。大多数有关交通 CO_2 排放的研究都是在汇总层面进行的，而不提供每种城市交通模式的个人公里尺度的 CO_2 排放估计。在中国，官方报告也尚未公布个人公里尺度的所有交通模式的 CO_2 排放因子。因此，中国学者使用了不同的排放因子进行估计（赵敏等，2009；姜洋等，2011）。表 6－2 列出了近期中国研究中采用的能源因子和碳强度（Guo et al.，2013）。从这些数据中，我们可以分别计算出一个修正的 CO_2 排放因子和一个直接的 CO_2 排放因子：

$$\text{修正的 } CO_2EF = \text{能源因子} \times \text{碳强度} \tag{6.8}$$

$$\text{直接的 } CO_2EF = \text{修正的 } CO_2EF / \text{载客量} \tag{6.9}$$

直接 CO_2 排放因子只强调一次出行里程中一种车辆的燃料燃烧直接产生的 CO_2 排放，而来自欧盟 TREMOVE 基准模型的总 CO_2 排放因子则考虑到这些直接排放和汽车燃料制造的生命周期碳排放（European Commission，2006；Grazi et al.，2008）。通过比较直接 CO_2 排放因子和总 CO_2 排放因子的结果，欧盟 TREMOVE 基准模型给出了在本书中涉及的所有城市交通模式排放因子的估计。此外，该模型既包括全生命周期的直接和间接碳排放，也提供了个人公里尺度最完整的城市出行模式的排放因子。

然而，中国大多数车辆排放因子将越来越多地被用来与欧洲国家进行对比，这是由于中国主要的汽车制造技术来源于欧洲，北京实行的汽车排放法规也模仿欧盟标准（Cai and Xie，2007；Darido et al.，2014）。1999 年 1 月 1 日，北京市环境保护局采用为轻型车辆而设的欧Ⅰ标准作为车辆的排放标准（Hao et al.，2006），而欧洲在 1993 年第一次采用了该标准。北京实施的这一排放标准，促使新车辆的许可排放量大幅下降（Wu et al.，2011）。2003～2008 年，北京引入了越来越严格的欧Ⅱ至欧Ⅳ标准（见表 6－3），仅比欧洲晚 3 年。这些标准一直是北京最重要的机动车排放控制标准，由于它们的加速引进和车辆的周转情况，中国车辆的加权排放因子与欧洲的差异不大。

表 6－2　不同交通方式的能源因子和 CO_2 排放因子

交通方式	能源因子（MJ/km）	碳排放强度（t/TJ）	修正的 CO_2 排放因子（g/km）	载客量[a]	直接 CO_2 排放因子［克/（公里·人）］	总 CO_2 排放因子[b]［克/（公里·人）］
汽车	2.962	69.3	205.3	1.4	146.4	178.6
公共汽车	10.680	74.1	791.4	18	43.9	73.8
出租车	2.673	69.3	185.2	1.2	154.2	178.6
摩托车	0.612	69.3	42.4	1	42.4	113.6
电动车	0.076	—	—	—	—	69.6
地铁	—	—	—	—	—	9.1

注：a. 来自姜洋等（2011）的标准；b. 来自 Grazi 等（2008）的标准。

表 6－3　北京实施欧盟排放标准的时间

车辆类型	欧Ⅰ	欧Ⅱ	欧Ⅲ	欧Ⅳ
轻型汽油车	1999 年 1 月 1 日	2003 年 1 月 1 日	2005 年 12 月 30 日	2008 年 3 月 1 日
重型汽油车	2002 年 7 月 1 日	2003 年 9 月 1 日	2009 年 7 月 1 日	—
重型柴油车	2000 年 1 月 1 日	2003 年 1 月 1 日	2005 年 12 月 30 日	2008 年 7 月 1 日
摩托车	2001 年 1 月 1 日	2004 年 1 月 1 日	2008 年 7 月 1 日	—

资料来源：根据 Hao 等（2006）、Wu 等（2011）整理绘制。

尽管如此，对于北京 CO_2 排放，在总排放因子方面还是存在不确定性，主要是由机动车辆导致的不确定性，由于车辆类型、发动机尺寸、重量和使用年限这些差异，每辆车的排放标准是不同的，此外还有其他一些因素可能会导致实际排放与规定排放标准有很大的不同。例如，冷启动条件、道路坡度和状况，以及行驶速度和驾驶风格都是排放的重要附加决定因素，因此对单辆车的实际排放因子，以及作为整体的车辆也是如此。其中，速度可能是最重要的，因为车辆在高速和低速（例如分别在高速公路、拥挤的交通）中排放最大（Yan and Crookes，2010），所以车辆特定的排放因子呈现 U 形特征，这与车速有关。虽然这些因素可能被纳入交通碳排放的微观模拟模型中，但更多的汇总交通模型倾向于通过汇总的排放因子来决定这些因素，即被观察到的典型车辆排放因子是可以被确定的（包括可变速度、冷启动等）。这种更综合的方法虽然需要在精确分辨时空排放估计的情况下进行，例如在空气质量模型方面并不理想，但它适用于对 CO_2 排放的确定。

与许多定期发布车辆使用数据的发达国家不同，中国并没有正式公布这些数据，这可能是由于数据限制和中国机动车发展历史相对较短（Huo et al.，2012）。因此，本章所使用的 CO_2 排放因子是不考虑出行速度变化的车辆平均排放因子。然而，对于未来碳排放的预测（详见第七章），要强调车辆加权排放因子的减少，承认车速变化的影响，随着老旧、低效车辆的退出，取而代之的是新车，其遵循最新的碳排放因子标准（如欧Ⅴ标准和欧Ⅵ标准）。

二　出行行为的对比分析

表6－4比较了不同约束属性的出行变量和 CO_2 排放。男性、年轻人、受过高等教育的人、被雇佣者、工厂或服务公司里的在职人员，他们一天当中的巡回频率较低，出行次数也较少。然而，通常他们出行的距离更远，低碳出行的比例更低，所以在一个典型的工作日他们排放的 CO_2 也会更多。女性、老年人（60岁及以上）、受教育程度较低的人，以及失业的人会有更多的出行，但这些出行通常距离较短，低碳出行比例更高，因此他们排放的 CO_2 相对较少。

对于家庭层面的约束条件，人均住房面积较小的家庭有更高的巡回频率和更多的出行次数。然而，他们的总出行距离并不远，而且低碳出行的比例更高，因此产生的 CO_2 也更少。关于住房产权变量，虽然这两组在出行特征上没有显著差异，但在典型的工作日，租房者的 CO_2 排放量通常较低。表6－4的方差分析结果表明，大多数约束组在出行变量和 CO_2 排放上的差异具有统计学意义（p 值 <0.05）。

表 6-4　不同约束属性的出行变量和 CO_2 排放

家庭和个人的社会经济属性		巡回频率（次）	出行次数（次）	出行距离（km）	低碳出行比例（%）	CO_2 排放（kg）
性别	男性	1.36	3.24	23.64	80.18	2.31
	女性	1.44	3.42	19.25	90.16	1.46
	F 值（p 值）	3.51（0.06）	3.31（0.07）	6.36（0.01）	—	14.86（0.00）
年龄	15~29 岁	1.11	2.64	28.14	85.35	2.10
	30~39 岁	1.26	3.06	26.39	72.89	2.65
	40~49 岁	1.46	3.47	20.76	84.06	2.01
	50~59 岁	1.61	3.78	14.92	93.79	1.17
	60 岁及以上	1.74	4.04	11.27	96.24	0.66
	F 值（p 值）	29.67（0.00）	23.79（0.00）	12.16（0.00）	—	9.29（0.00）
受教育程度	初等	1.61	3.63	14.37	97.71	0.79
	中等	1.54	3.59	15.51	93.31	1.07
	高等	1.31	3.17	25.11	79.12	2.41
	F 值（p 值）	20.05（0.00）	9.58（0.00）	15.76（0.00）	—	20.03（0.00）
就业	就业	1.29	3.12	25.09	81.05	2.33
	失业	1.53	3.41	14.18	91.62	0.81
	退休	1.82	4.15	9.45	97.78	0.42
	其他	1.33	3.17	19.60	77.19	1.85
	F 值（p 值）	38.58（0.00）	24.06（0.00）	18.25（0.00）	—	17.05（0.00）
职业	学生	1.07	2.49	22.70	94.12	1.43
	职工 TP1	1.41	3.37	19.92	83.93	1.78
	职工 TP2	1.20	2.95	30.31	76.63	2.95
	F 值（p 值）	16.22（0.00）	12.59（0.00）	10.65（0.00）	—	8.88（0.00）

续表

家庭和个人的社会经济属性		巡回频率（次）	出行次数（次）	出行距离（km）	低碳出行比例（%）	CO_2 排放（kg）
住房产权	自有	1.39	3.33	22.18	83.91	2.03
	租赁	1.43	3.34	19.27	89.49	1.44
	F 值（p 值）	0.69（0.41）	0.03（0.87）	2.18（0.14）	—	5.70（0.02）
住房面积	<30 米²/人	1.44	3.41	19.31	89.50	1.51
	≥30 米²/人	1.33	3.17	25.64	76.47	2.61
	F 值（p 值）	6.43（0.01）	5.30（0.02）	11.82（0.00）	—	22.32（0.00）

注：由于低碳出行的比例是由群体而非个体来计算的，所以该变量没有进行方差分析，其 F 值（p 值）显示为“—”。

资料来源：根据 2007 年活动日志调查数据整理绘制。

第五节　空间微观模拟结果

本节对人口重建过程不断进行优化，利用 FMF 软件将不同数据源的属性联系起来，合成北京市 2000 年大样本虚拟人口数据集，在精细的街道尺度下进行了合成人口的重建，包含 15 岁及以上的 721894 个居民。

一　敏感性分析

由于模拟退火算法涉及随机数的产生，所以需要进行敏感性分析来检验输出结果是否对软件中的随机数（种子值）敏感。不管随机数如何变化，合成数据集的范围决定了算法是否达到全局最优解（有效地改变模拟退火算法在可能的搜索空间中的起始位置）。模拟退火算法的性质意味着它要检验可用搜索空间的广域来配置合成人口。这里进行的敏感度分析是为了确保算法中的参数能够充分允许每个群体达到全局最优解。如果算法输入参数的限制太多，将产生次优解，导致所合成的人口在 146 个街道之间有较大的差异。一般认为进行 10 次检验更加适当和稳定，同时又不会过度浪费计算、存储或分析资源。

本章使用不同的种子值生成 10 个合成群体，并计算约束属性的标准误差。大体上，约束属性（例如性别、年龄、受教育程度）的标准误差在大多数街道中接近零。例如，大多数地理区域的教育标准误差为零，表明尽管种子值有所变化，不同教育水平的分布与当地情况匹配较好，由此得到的优化过程是有效的，并且输出结果对随机种子值不敏感。然而，在 4 个地理区域中，初等和高等教育类别表现出较高的标准误差，而中等教育类别则保持持平（见图 6－2），这表明模拟退火算法并不能准确地配置这 4 个区域的教育约束条件。

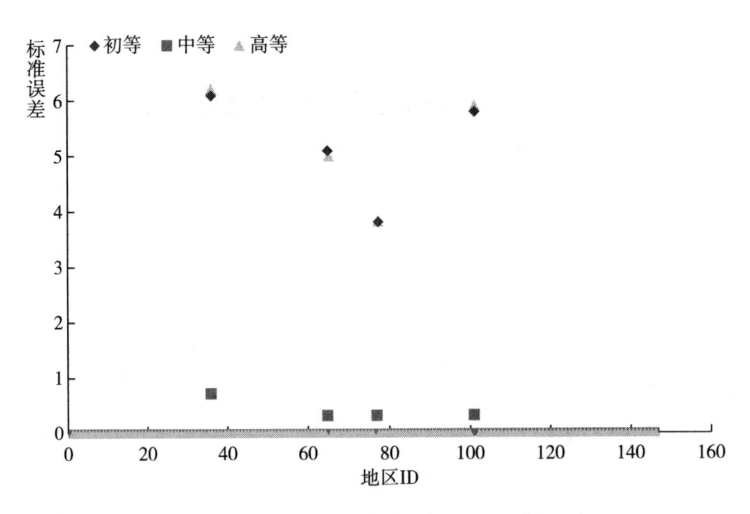

图 6－2　每个街道的教育标准误差

资料来源：作者自绘。

本章使用产生的 10 个合成群体的出行调查数据，分别计算每个街道的平均出行频率和日常出行距离的标准误差（见图 6－3、图 6－4）。结果显示，在大多数街道中，出行频率的标准误差小于 0.05，出行距离的标准误差也相对较小，在大多数街道中都小于 0.8，表明优化过程是有效的，并且结果对初始种子值不敏感。而前面讨论的4个在教育约束条件上具有较大标准误差的区域，其在平均出行频率或日常出行距离上的标准误差非常小。这表明尽管存在教育约束条件的误差，但其对最终模拟日常出行属性的影响不显著。

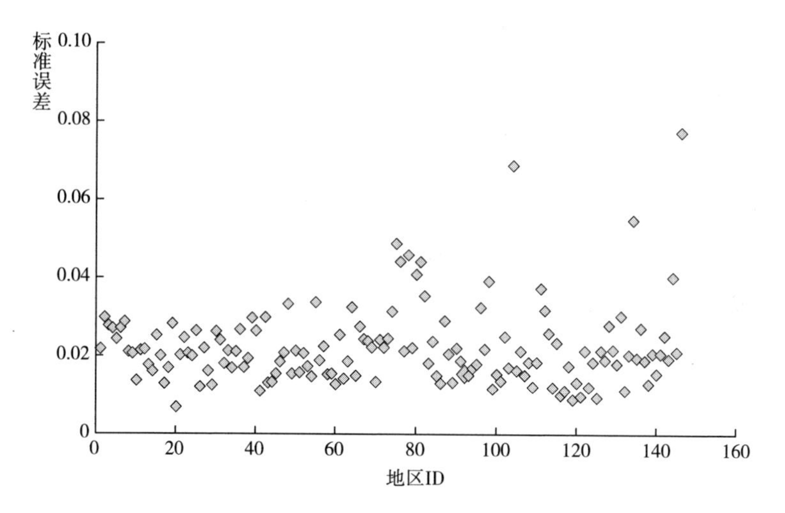

图6-3　每个街道的出行频率标准误差

资料来源：作者自绘。

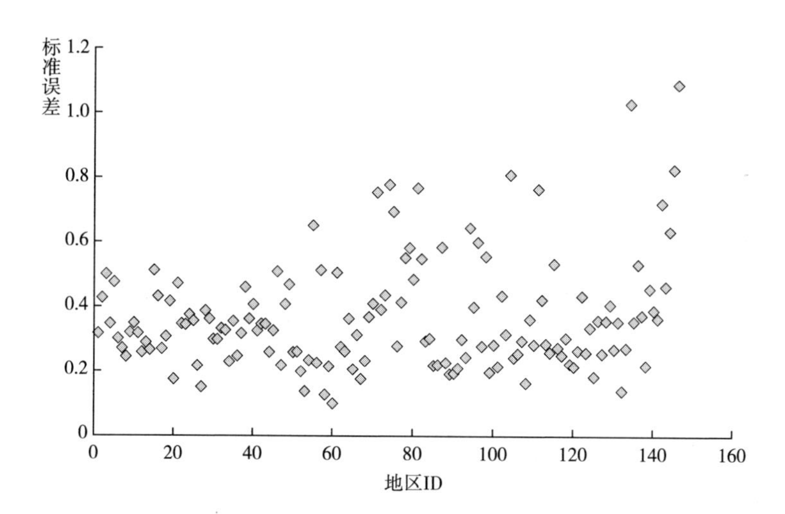

图6-4　每个街道的出行距离标准误差

资料来源：作者自绘。

二　约束条件评估

从合成的10个虚拟人口数据集中随机选择一个，与观察到的或真实的总体数据进行比较。表6-5显示了拟合优度评价指标，证明合成人口的属性分布与真实的人口普查数据非常相近。大多数街道尺度的约束表和交叉表没有或很少有分类误差。其中，分类误差主要出现在教育约束条件，其TAE大于1000，然而其百分比误差小于0.1%，证明模拟结果的整体拟合优度良好（Harland et al.，2012）。

表6-5　街道尺度的模型约束条件评价指标

约束条件	SRMSE	TAE	PE	TE	CPE
性别	0.001	74	0.005	37	0.010
年龄	0.002	82	0.006	41	0.011
性别与年龄的交叉表	0.003	82	0.006	41	0.011
受教育程度	0.014	1260	0.087	630	0.175
就业	0.000	2	0.000	1	0.000
职业	0.000	2	0.000	1	0.000
职业与就业的交叉表	0.000	2	0.000	1	0.000
住房产权	0.000	0	0.000	0	0.000
人均住房面积	0.003	192	0.013	96	0.027

注：PE指百分比误差，TE指总误差，下同。

资料来源：根据空间微观模拟结果整理绘制。

三　城市交通出行和碳排放的空间微观模拟结果

接下来本章将出行数据与微观模拟合成人口联系起来，在北京城区的街道尺度对模拟人口的出行行为进行空间微观模拟，并估计他们交通出行的CO_2排放，以及通过四分位数显示每个街道的出行距离、低碳出行比例和CO_2排放量。北京城区合成人口的平均模拟出行距离在2000年约为人均每天20公里，而北京交通发展研究院公布的家庭出行调查报告显示为人均22公里[①]。后者的调查不包括步行，因此高估了本章采用的所有模式的出行指标的平均出行距离。

总体而言，本章的微观模拟结果较好，与真实的出行行为具有良好的一致性，而不同街道的平均出行距离变化显著。居住在中心城区（西城、东城、宣武、崇文）的人在典型工作日没有太远的出行，而居住在近郊区，尤其是海淀和朝阳的一些街道的居民出行距离较远，人均每天超过20公里。这可能是由于这些地区城市形态特征的差异。北京市中心传统城市空间的特点是人口密度高、土地混合利用、邻近服务业，而1978年经济体制改革后新建的大部分城郊居住区采纳了当时盛行的西方规划理念，表现为土地单一利用、低密度发展和以汽车为导向的开发模式。这种城市形态上的对比在之前对北京的出行行为和 CO_2 排放的研究中也得到了验证（Qin and Han，2013a）。

模式选择分析显示了按地区划分的低碳出行模式（步行、自行车、公交、地铁）的空间变化。平均来说，2000年北京市约90%的出行是由低碳交通组成的，这与北京交通发展研究院的调查报告中公布的88%的出行[②]有着良好的一致性。这一模拟结果也与对北京城八区进行的住户面谈调查中报告的90%的值非常接近（Zhao et al.，2011）。然而，不同地区的交通方式选择存在显著差异，如北部近郊区的居民低碳出行所占的比重较低，乘坐汽车的比重大于10%；而中心城区和周边城区的汽车出行较少，超过90%的出行是采用低碳模式。

接着估算每个街道合成人口的平均 CO_2 排放。平均来说，北京市城区居民日常出行的交通 CO_2 排放量为人均每天1.44千克。然而，居住在海

① 参见《2001年北京交通发展年报》，https：//www.bjtrc.org.cn/list/index/cid/7/p/2.html。

② 参见《2001年北京交通发展年报》，https：//www.bjtrc.org.cn/list/index/cid/7/p/2.html。

淀区和朝阳区西北部的大多数街道的居民有着更高的 CO_2 排放量（人均每天大于 1.55 千克），这主要是由于居住在这里的人出行距离更长，使用汽车更多。相比之下，更紧凑的中心城区的居民 CO_2 排放量较低。

最后，将总人口与每个地理区域的平均 CO_2 排放量相乘，可以估计出北京市城区不同街道的 CO_2 排放总量。尽管中心城区的人口密度相对较高，但近郊区许多街道的排放总量远高于中心城区的排放总量。而近郊区的周边地带，特别是海淀区西北部和朝阳区东部排放总量较低，主要是由于这里的人口密度较低。然而，如果按照当前的郊区化趋势继续发展，且汽车持有量不断增加（Zhao et al.，2011），那么北京市周边地区的 CO_2 排放总量将来可能会大幅度增加。这些问题可以通过微观模拟研究，特别是通过调查不同情景下随着时间推移的人口增长情况进行检验。

第六节　讨论和结论

一　社会经济指标

在之前的研究中，交通 CO_2 排放通常与区域的经济增长水平有关，并与社会经济指标（如人均 GDP、人均可支配收入）联系在一起，以评估城市或地区水平的交通 CO_2 效率（Timilsina and Shrestha，2009；Cai et al.，2012）。“CO_2 效率”的定义是基于生态效率概念，即“每单位环境影响下的产品或服务价值”（Tahara et al.，2005）。CO_2 效率的一些关键方面包括每单位 GDP 的 CO_2 排放量、每单位 GDP 的人均 CO_2 排放量以及人均 CO_2 排放量和人均可支配收入。尽管在已有的几项研究中探讨了交通 CO_2 排放和社会经济指标之间的关系，但他们的结论仍然存在争议。例如，有学者认为中国的 GDP 和人均 GDP 与交通 CO_2 排放量紧密相关（Timilsina and

Shrestha，2009），而其他研究者则认为，交通 CO_2 排放量与人均 GDP 之间的关系微不足道（Cai et al.，2012）。

基于交通出行的 CO_2 排放的模拟结果，本节进一步探讨北京社会经济指标与交通 CO_2 排放的相关性。然而，像 GDP 或人均 GDP 这样的经济指标通常只在区级尺度上公布，需要将人们日常出行的 CO_2 排放量汇总到区级（见图 6－5）。结果显示，海淀区的 CO_2 排放量是最高的，在一个典型的工作日大约是 310 吨，紧随其后的是朝阳区，大约为 280 吨。相比之下，市中心即东城、西城、崇文、宣武，人们的日常出行产生的 CO_2 排放较低。总而言之，在 2000 年北京市城八区合成人口（15 岁及以上样本，约占总人口样本的 10%）的交通 CO_2 排放总量为 1038 吨。

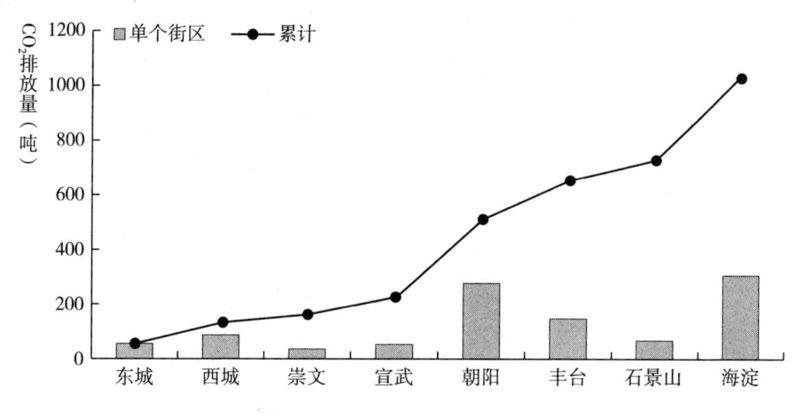

图 6－5　2000 年地区 CO_2 排放总量

资料来源：作者自绘。

以下将利用《北京统计年鉴》数据，对北京市交通 CO_2 排放量和一些社会经济指标进行回归分析。如图 6－6（左）所示，北京市交通 CO_2 排放量与 GDP 之间的关系具有统计学意义（$p=0.010$，$R^2=0.697$）。中国的经济发展主要依赖工业生产、出口和基础设施建设（Cai et al.，2012），而交通 CO_2 排放则受到经济生产活动强度的影响。各地区交通 CO_2 排放量与城市总人口数之间的关系也很显著（$p=0.000$，$R^2=0.986$），如图 6－6（右）所示。

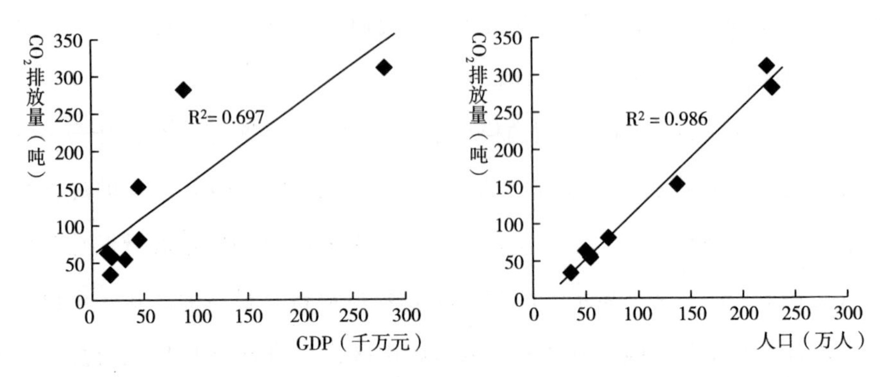

图 6-6　北京市交通 CO_2 量排放与 GDP（左）及人口（右）的回归

资料来源：作者自绘。

相比之下，如图 6-7（左）所示，北京市交通 CO_2 排放量与人均 GDP 之间的关系并不显著（$p=0.174$，$R^2=0.283$），这表明交通 CO_2 排放的潜在驱动力是生产活动而不是消费活动。此外，人们日常出行的 CO_2 排放量也受到汽车使用量的影响。如图 6-7（右）所示，我们还分析了交通 CO_2 排放量与城镇居民人均可支配收入之间的关系，发现随着人均可支配收入的增加，汽车拥有量的比例可能会增加。然而，这种关系并不显著（$p=0.146$，$R^2=0.316$），表明城镇居民人均可支配收入并不是 CO_2 排放的主要因素。

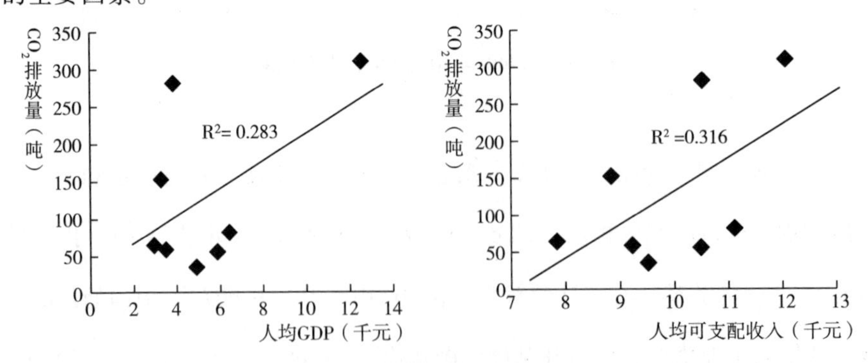

图 6-7　北京市交通 CO_2 排放量与人均 GDP（左）、城镇居民人均可支配收入（右）的回归

资料来源：作者自绘。

二　结论

基于活动日志调查和2000年第五次全国人口普查，本章首先在北京市精细的空间尺度下合成了一个具有代表性和接近现实的大样本虚拟人口数据集，然后在空间上模拟合成人口的日常出行行为，包括出行距离和出行模式选择，并估算不同地理区域的平均和总的交通 CO_2 排放量。该研究有助于促进发展中国家在微观空间尺度上的模拟研究的开发和应用，之前在这些国家相关研究非常缺乏。

微观模拟研究的结果表明，居住在近郊区，特别是海淀区和朝阳区的居民，出行距离更远，低碳出行次数更少，并且工作日排放的 CO_2 高于平均数。相比之下，居住在以高人口密度、土地混合利用、服务和公共交通可达性高为特点的中心城区的居民更多采取低碳出行方式。虽然本章将北京市作为案例，但这项研究也证明了模拟一个发展中国家超大城市的出行总体情况是可行的，而且可以在微观尺度下有效估计交通 CO_2 排放的地理空间分布。总体而言，微观模拟使我们能够在精细的空间尺度下合成一个具有代表性的虚拟人口数据集，并在微观空间尺度下模拟大样本人口的日常出行行为，从而估计城市交通 CO_2 排放。

然而，中国没有国家级别的出行调查数据，北京市政府的出行调查只发布总体水平的结果（保密问题可能限制了更多个体水平数据的发布）。因此，本章利用活动日志调查数据——这是较为适当的数据集。此外，本章利用的人口普查数据是城市10%人口的长表数据。这里应用的模拟退火算法被用于合成城市大样本人口数据并模拟出行行为，通过北京市政府在2000年的出行调查报告和另一项独立调查报告，从汇总水平上对模拟结果进行检验。据笔者所知，这是发展中国家第一次使用模拟退火算法克服数据上的缺陷（一般是缺乏数据），在微观空间尺度对超大城市居民的出行行为进行模拟研究，为低碳城市规划提供了科学依据。

总而言之，本章研究代表了人们日常出行和交通 CO_2 排放的精细尺度的空间微观模拟，为发展中国家的低碳城市规划或交通政策评估提供了坚实基础，也为未来的动态微观模拟或情景分析提供了契机。基于这些工作，我们可以进一步动态模拟人们的出行行为，并估计未来的碳排放量。情景分析也可以用于探讨人们日常出行行为的变化（例如模式转变、出行频率或出行距离的改变）对交通碳排放的影响。调整城市形态变量，从人口密度、土地利用模式、街道路网设计和公共交通可达性的角度来说，有可能会干预中国低碳城市发展规划。

第七章
交通出行碳排放的动态模拟和情景分析

第一节 引言

本章用第六章自下而上的方法，采用动态模拟和情景分析，预测至2030年北京市居民日常出行所产生的交通 CO_2 排放。基于活动日志调查和2010年第六次全国人口普查的社会经济数据，首先，应用空间微观模拟方法去合成一个北京市2010年的虚拟人口数据集，并模拟他们的日常出行行为和交通碳排放的地理空间分布；然后，对比2000～2010年出行行为和交通 CO_2 排放的变化，以及分析社会经济属性和城市形态的变化所起的作用；最后，设定4个情景，预计到2030年不同情景下乘客出行产生的交通 CO_2 的情况，以说明该方法的有效性。在本书中，情景被定义为“一种未来可能会变成的样子，即一个未来可能的结果”（Porter，1985）。这通常包括一系列“如果……会怎么样”的问题，以定义未来可能出现的情况。典型的情景规划过程将一个或多个未来规划场景与一个趋势情景进行比较，通常是指“一切照常”（Business As Usual）情况（Bartholomew and Ewing，2009）。在城市和交通建模中设想的一般方法是对过去一段时间内的过程建模，然后（在校准和验证之后）预测未来（通常为20～50年），用情景反映模型中的独立变量可能采取的状态（或状态组合）。例如，有学者对中国道路运输行业1997～2002年的历史石油消费和碳排放进行估算，并开发了3种情景（无控制情景、低燃料情景和高燃料经济性改善情景）来预测到

2030 年的未来石油需求趋势（He et al.，2005），发现在无控制的情景下，到 2030 年中国公路车辆的石油需求将达到 3.63 亿吨；然而，随着燃油经济性的提高，石油消耗总量到 2030 年将减少 5500 万～8500 万吨。

本章设计了 4 种情景（交通政策趋势、土地利用和交通政策、城市紧凑发展和车辆技术，以及组合政策）去探索在当前和潜在的交通、城市发展和车辆技术这些战略下的出行行为和交通 CO_2 排放（Ma et al.，2015b）。这将帮助我们更好地理解不同因素对日常出行行为和 CO_2 排放总量所起的作用，并可以为国家和地方政府制定的 CO_2 减排目标提供科学依据。

本章第二节呈现了 2010 年交通 CO_2 排放的微观模拟结果，并分析 2000～2010 年城市形态和社会经济属性对交通碳排放趋势所起的作用。第三节呈现了有关交通政策、土地利用模式和车辆技术的 4 个情景的方法和参数，评估 2030 年碳排放的趋势和不同政策对人们日常出行的交通 CO_2 排放产生的影响。第四节讨论并分析了不同情景的人均 CO_2 排放和 CO_2 排放总量的预测结果。第五节呈现了出行参数的敏感性分析，而本章的最后一节总结了情景分析的结论。

第二节　交通出行碳排放的动态分析

一　基于社会人口属性的动态模拟

本书第六章用空间微观模拟法去模拟 2000 年大样本居民日常出行行为和交通 CO_2 排放。以 2000 年的研究为出发点，本章利用空间微观模拟法生成一组 2010 年的合成人口数据集，检验北京市 2000～2010 年居民的日常出行行为以及交通碳排放。表 7－1 展示了人口普查（长表 10% 的样本）当中所包含的部分社会经济属性，这些属性作为约束条件用于微观模拟研究。从表中可以看出，2000 年和 2010 年许多制约性变量都发生了很大的变化，尤其是 50 岁以下和 50 岁及以上的人群、不同教育背景的人员及在职或退休人员等几类群体。具体而言，2000 ~ 2010 年，女性人口年均增长率为 3.9%，而老人（≥50 岁）的数量年均增长 5.6%。在 2000 年，低教育水平（初等）的人约占总人口的 44%，但到了 2010 年，则下降到 34%，与此同时，那些高教育水平（高等）的人占比与 2000 年相比增长了 15.48 个百分点。在职人口的份额在 2000 ~ 2010 年下降了 3.55 个百分点，而失业人口，尤其是退休者则相应增加。家庭层面的限制条件表明，住房拥有者的比例增加了 2.26 个百分点，与之对应的是，住房面积变化不大，人均住房面积略有增加。这些数据在一定程度上体现了城市人口增加及经济发展的变化趋势。

表 7-1　2000 年和 2010 年人口普查样本中约束变量的对比分析

单位：人，%

变量	类别	2000 年人口普查		2010 年人口普查	
		数量	百分比	数量	百分比
个人层面					
性别	男	379227	52.53	503865	50.08
	女	342667	47.47	502171	49.92
年龄	15 ~ 29 岁	241159	33.41	327823	32.59
	30 ~ 39 岁	162300	22.48	195109	19.39
	40 ~ 49 岁	142009	19.67	178594	17.75
	50 ~ 59 岁	68672	9.51	148521	14.76
	≥60 岁	107754	14.93	155989	15.51
教育	初等	314669	43.59	343015	34.10
	中等	217302	30.10	242569	24.11
	高等	189923	26.31	420452	41.79
就业	在职	500782	69.37	662171	65.82
	失业	71415	9.89	101667	10.11
	退休	138759	19.22	222757	22.14
	其他	10938	1.52	19441	1.93

续表

变量	类别	2000 年人口普查		2010 年人口普查	
		数量	百分比	数量	百分比
职业	学生	78294	10.85	93642	9.31
	职工 TP1	181548	25.15	267379	26.58
	职工 TP2	240940	33.38	301150	29.93
总计	个人	721894	100.00	1006036	100.00
家庭层面					
住房面积	<30 米^2/人	155299	61.13	240207	60.56
	≥30 平^2/人	98767	38.87	156447	39.44
住房产权	自有	134048	52.76	218226	55.02
	租赁	120018	47.24	178428	44.98
总计	家庭户	254066	100.00	396654	100.00

资料来源：根据北京市第五次和第六次全国人口普查数据整理计算。

由于具有不同社会人口学特征的人具有不同的出行或出行链特征，可以说 2000～2010 年总出行距离和交通 CO_2 排放将发生变化。例如，前文研究发现，男性、较年轻的人（年龄为 20～39 岁）、在职人口以及受过高等教育的人往往出行更远，而女性、老年人（年龄在 60 岁及以上）、退休人员和受过低水平教育的人往往出行距离较短，CO_2 排放更少。但是，由于社会人口结构的复杂性，很难看出总体变化的性质，这可能导致出行次数的增加或减少，要依据具体人群而定。例如，有越来越多的老年妇女可能会减少平均出行距离，但年轻雇员的增长又将抵消这种影响。这种空间的异质性在微观模拟中很容易得到处理。

利用活动日志调查和 2010 年第六次全国人口普查数据，基于可变模型框架继续合成北京市 2010 年接近现实的大样本虚拟人口数据集，包含北京市城八区的 1006036 名 15 岁及以上的居民个体。表 7－2 显示了约束变量的拟合指标，表明合成人口与 2010 年第六次全国人口普查数据非常接近。大多数约束表和交叉表的拟合误差非常小，除了受教育程度的总绝对误差（TAE）超过 2000。然而其百分比误差（PE）仅为 0.1%，表明模型的拟合优度良好。

表 7－2　2010 年模型约束变量的拟合指标

变量	SRMSE	TAE	PE	TE	CPE
性别	0.003	248	0.012	124	0.025
年龄	0.005	314	0.016	157	0.031
性别与年龄的交叉表	0.007	314	0.016	157	0.031
受教育程度	0.022	2026	0.101	1013	0.201
就业	0.000	6	0.000	3	0.001
职业	0.000	8	0.000	4	0.001
职业与就业的交叉表	0.000	8	0.000	4	0.001
住房面积	0.000	0	0.000	0	0.000
住房产权	0.000	0	0.000	0	0.000

资料来源：根据空间微观模拟结果整理绘制。

本章接着将活动日志调查的出行属性（出行频率、出行模式等）与合成人口中的相应人口群体相关联，对 2010 年北京人口的日常出行行为进行空间模拟。图 7－1 为各个区域的人口在各种交通出行模式[①]下所对应的平均出行距离。在机动出行方面，地铁的平均出行距离最长（约 21 公里），随后依次为公共汽车、私人汽车、出租车以及其他交通方式（如摩托车）。

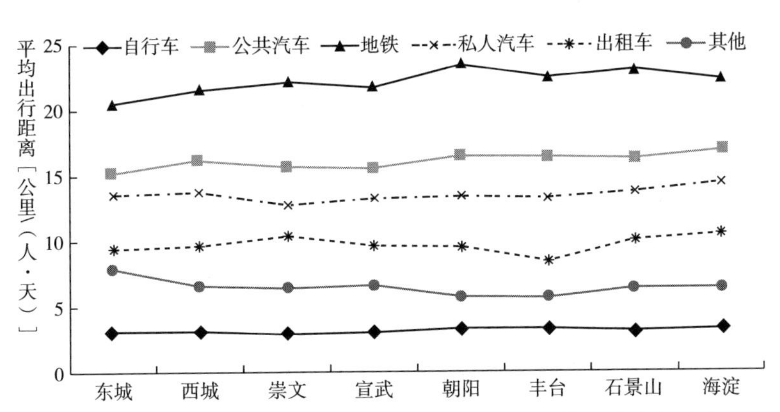

图 7－1　2010 年合成人口数据集中各类出行模式的平均出行距离

资料来源：作者自绘。

① 因为这种模式通常被排除在官方交通调查和报告之外，所以结果中没有显示步行的路程（步行的平均距离约为每次 1 公里，在不同地区之间变化很小）。

这一模拟结果与2010年北京市家庭出行调查所得到的结果十分相似，即人们通过乘坐地铁而产生的出行距离最远，其次为公共汽车或私人汽车，而非机动出行所产生的出行距离是最短的（自行车出行的平均距离约为3公里）。与此同时，这一结果也显示出一定的地域差异性。整体而言，在近郊区，大部分交通方式所产生的平均出行距离均大于其在中心城区所产生的平均出行距离。这可能与不同的社会经济属性或城市形态特征有关，下文将对其进行进一步讨论。

然而，尽管人口在精细的空间（街道）尺度下进行合成，但模拟结果只在区县水平上呈现和比较。这主要是因为有些街道从2000年（总共146个街道）到2010年（总共133个街道）经历了行政和地理上的变化，需要用城市形态和公共/私人交通发展的数据来调整模拟结果，只有在区县一级才可以获得相应数据。

二　基于城市形态及交通发展变化的调整

到目前为止，微观模拟只受到社会人口统计的限制。然而，模拟结果需要根据城市形态的变化以及公共和私人交通的发展进行相应调整。众所周知，这些因素对交通出行模式的选择产生了重大的影响（Zhao and Lu，2011；He et al.，2013）。北京最近的增长和城镇化特点是，在高科技产业园区内和主要在郊区建立的新住房空间结构调整。此外，因第三产业的用地发展而产生的就业机会仍然集中在内城，导致工作和住房的空间不匹配（Zhao et al.，2010；Wang et al.，2011b），这对出行有明显的影响。以人口密度为指标，可以看出2000~2010年北京的城市形态发生了变化（见图7-2）。2010年，内城区人口密度（即东城区、西城区、崇文区、宣武区）为23407人/公里^2，自2000年以来减少了大约24%。在同一时期，近郊区的人口密度几乎增加了一倍，尤其是朝阳区（从4029人/公里^{2}增加到7790人/公里^2）和丰台区（从3626人/公里^{2}增加到6907人/公里^2）。

这种郊区的发展一直伴随北京边缘地带的扩张，其特征是低密度的发展和土地单一利用，而内城的传统社区仍然保持着高密度和混合的土地利用模式。

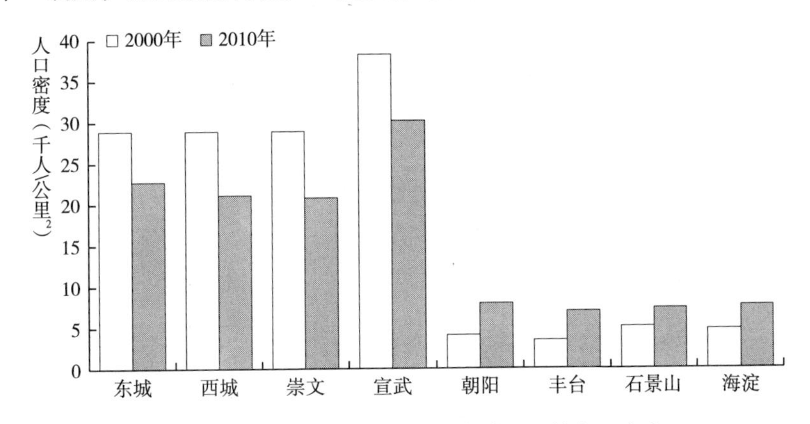

图 7－2　2000 年和 2010 年北京城八区的人口密度

资料来源：2001 年和 2011 年《北京统计年鉴》。

在此期间北京市公共交通也迅速发展（见图 7－3），特别是地铁，这是北京鼓励公共交通的政策重点。北京地铁是中国最古老、最繁忙的地铁（Xu et al.，2010），其中 16 条线路全长 442 公里（仅次于上海地铁），而 2000 年只有 2 条线路共 54 公里的轨道。同时，随着城市的扩张和居民收入的增加，机动车保有量也大幅增加，越来越多的人依赖小汽车。2004～2009 年，私人汽车的拥有量增加了一倍，达到 300 万辆（见图 7－4），交通拥堵、

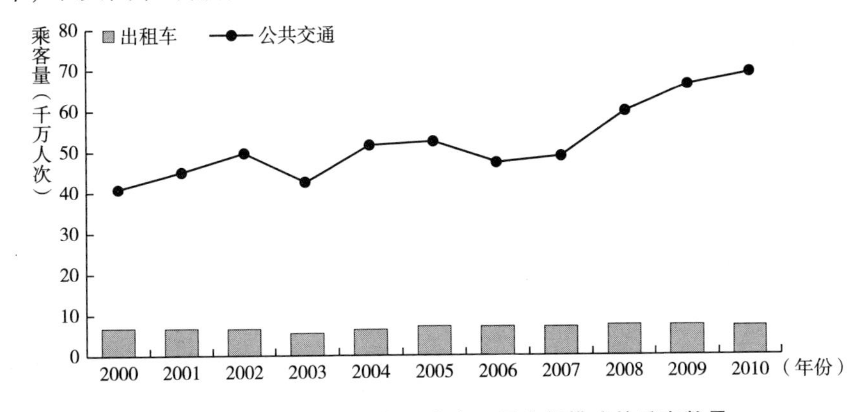

图 7－3　2000～2010 年北京市不同出行模式的乘客数量

资料来源：2001～2011 年《北京统计年鉴》。

空气污染、能源消耗和碳排放都是主要的城市问题（Zhao et al.，2011）。

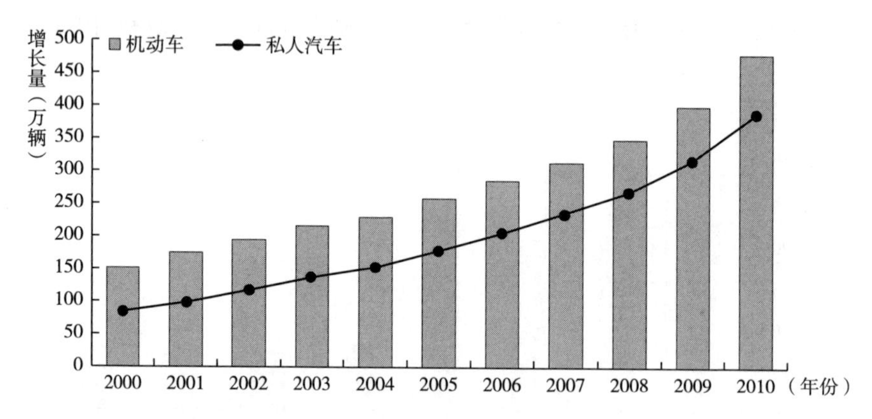

图 7－4　2000～2010 年北京机动车/私人汽车的增长情况

资料来源：2001～2011 年《北京统计年鉴》。

这些城市形态的变化和公共/私人交通的发展可能是人们对机动出行产生偏好的重要原因，因此需要采取一些方式对以自行车、小汽车和地铁等交通模式占比进行估计的模拟结果进行调整。变化最为明显的当属非机动车出行（Non-Motorised Travel，NMT），在中国的许多城市，非机动车出行在交通出行中所占的比例以平均每年 3% 的速度减少，在交通出行模式中的占比从 70% 迅速下降到 30%～40%（He et al.，2013）。在北京，非机动车出行的比例 2000～2010 年大约下降了 25%，这一现象随后被用于对模拟模型中自行车占比的调整。而对于小汽车占比，由于《北京统计年鉴》中对各区的实际汽车拥有数量（Actual Car Ownership，ACO）有所统计，同时依据微观模拟模型可以推导出模拟的汽车拥有量（Simulated Car Ownership，SCO），则修正的小汽车占比可以用式（7.1）计算得到：

$$MCS_i = SCS_i \times (ACO_i / TP_i) / (SCO_i / SP_i) \times 100\% \qquad (7.1)$$

式（7.1）中，MCS_i 代表 i 地区修正后的汽车占比，SCS_i 代表 i 地区模拟的汽车占比，TP_i 和 SP_i 分别代表 i 地区 2010 年人口普查时的总人口数量和抽样样本人口数量。修正后的地铁模式占比（MSS）则通过 1 减去其他出行模式得到：

$$MSS_i = 1 - MNS_i - MCS_i - SBS_i - STS_i - SOS_i \tag{7.2}$$

式（7.2）中，MNS_i 代表 i 地区修正后的非机动车占比，SBS_i、STS_i 和 SOS_i 分别指代 i 地区公共汽车、出租车以及其他交通出行模式（主要指摩托车）在模拟模型中的占比。

表 7－3 列出了经过模拟和调整得到的 2010 年北京市各区各交通出行模式的最终估计比例。总体来说，北京市的交通出行模式中 43.3% 采用公共交通模式出行（即公共汽车、地铁），接近 30% 采用私人汽车出行。这一结果与北京交通发展研究院在 2010 年进行的家庭出行调查结果（公共交通占 39.7%，私人汽车占 34.2%）非常相近。模拟结果同时还显示，在不同的区域，人们在交通出行模式的选择上也存在差异。居住在近郊区的居民通过地铁出行的比例较高，而以私人汽车出行的比例低于中心城区。这一现象可能是由于居住在近郊区的居民，其出行距离往往相对更长，而地铁具有快速、便宜、避免道路拥堵的特性。相比之下，在中心城区，由于私人汽车拥有量的不断上涨以及城市形态的改变（如工业的郊区化、居住密度的下降、职住空间分离），中心城区的居民在交通出行模式上选择私人汽车出行的比例相对较高。

表 7－3 北京市城八区 2010 年各交通出行模式占比的最终估计结果

单位：%

地区	自行车	公共汽车	地铁	私人汽车	出租车	其他	总计
东城区	20.6	30.1	6.0	34.1	6.0	3.3	100.0
西城区	18.4	30.3	4.7	37.2	6.0	3.3	100.0
崇文区	24.5	29.9	5.3	30.9	5.8	3.6	100.0
宣武区	20.8	31.0	10.2	28.7	5.8	3.6	100.0
朝阳区	17.9	31.4	14.4	26.9	5.5	4.0	100.0
丰台区	21.9	31.8	6.8	29.7	5.6	4.2	100.0
石景山区	24.1	30.2	12.1	23.9	5.9	3.8	100.0
海淀区	14.0	32.3	16.7	28.5	5.3	3.2	100.0

续表

地区	自行车	公共汽车	地铁	私人汽车	出租车	其他	总计
估计比例	18.3	31.4	11.9	29.1	5.6	3.7	100.0
调查比例	16.4	28.2	11.5	34.2	6.6	3.1	100.0

注：2011 年北京交通发展研究院的一份独立的家庭出行调查报告显示了北京市整体的调查比例。

资料来源：根据空间微观模拟结果整理绘制。

三　2000～2010 年交通出行碳排放的对比分析

本章运用模拟的出行距离、出行模式占比以及碳排放因子（Grazi et al., 2008），对 2010 年各个区域的交通出行碳排放进行了估计（见图 7－5）。平均来说，北京市居民日常出行碳排放量约为每人每天 2.21 千克，这与 2010 年在北京进行的家庭碳排放量调查得到的结果十分相近（Qin and Han, 2013a）。在这项研究中，他们估计了北京市选定城区的交通碳排放，发现人们日常出行碳排放的个体差异很大（从 14.8 千克/人到 1734.8 千克/人不等），而其平均值则为 2.11 千克/人。与 2000 年的平均碳排放量相比，这一研究表明，北京市人均出行的碳排放量显著增加（约 54%），在北京中心城区（宣武区除外），自 2000 年以来人均碳排放量更是表现出超过 70% 的增长。

根据每个地理区域的平均 CO_2 排放量乘以总人口数，得到 2010 年北京各城区合成人口（约占城市人口总数的 10%）的 CO_2 排放总量（见图 7－5）。朝阳区和海淀区的 CO_2 排放总量非常高，在一个典型的工作日超过 600 吨，紧随其后的是丰台区，有 400 吨左右。中心城区的排放比近郊区低得多。这可能是由于中心城区人口密度的减少，因为 2010 年的人均 CO_2 排放量在各个地区都有很小的变化。此外，与 2000 年的排放总量相比（见图 7－6），2000～2010 年，北京市日常出行的交通 CO_2 排放总量显著增加，增长率约为 114%，远高于同期北京城市人口增长率（约 39%）（见图 7－7）。

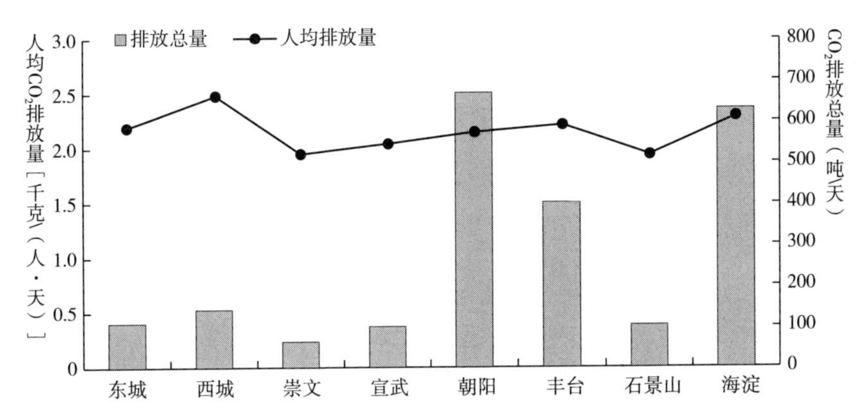

图 7－5　2010 年模拟合成人口的人均 CO_2 排放量及 CO_2 排放总量

资料来源：作者自绘。

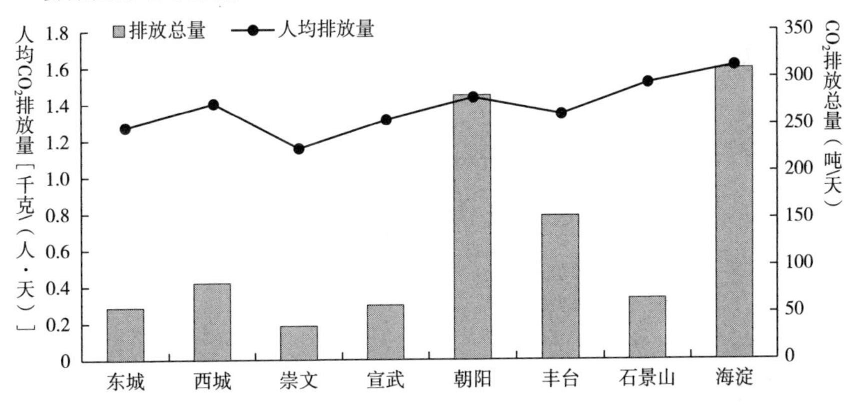

图 7－6　2000 年模拟合成人口的人均 CO_2 排放量及 CO_2 排放总量

资料来源：作者自绘。

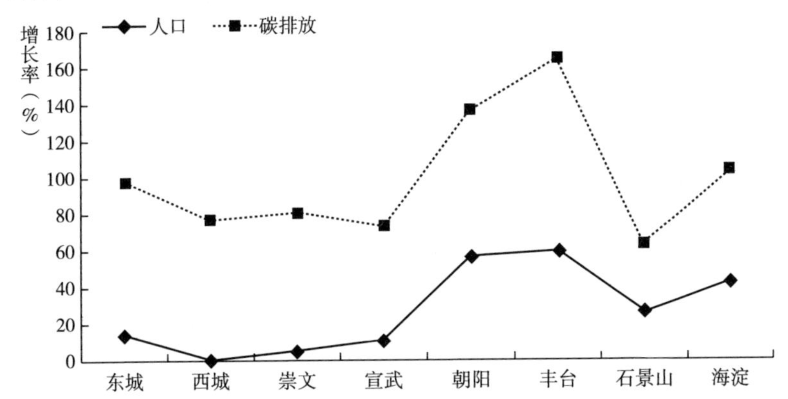

图 7－7　2000～2010 年的人口和交通 CO_2 排放总量的增长率

资料来源：人口增长率数据来自《北京统计年鉴》。

第三节　情景设计

情景设计通常包含一系列假设分析问题来定义一些可能的未来情景。典型的情景设计过程是将可选的未来规划情景与趋势情景相比较，后者通常被称为“一切照旧”（Bartholomew and Ewing，2009）。城市和交通建模情景设计的一般方法是对最近一段时间内的过程进行建模，在校准和验证之后将其投影到未来（通常为20 ~50 年），情景反映了模型中自变量可以采用的状态（或状态组合）。该方法可以在分析中纳入最重要的和不确定的因素，确定未来最合理的情况，并评估趋势和可能的管理策略的影响。

在对2000 ~ 2010 年的碳排放进行空间微观模拟（作为基准）之后，预测在4 种情景下到2030 年乘客出行行为产生的交通 CO_2 排放量。这些情景旨在探讨当前和潜在策略对人们未来出行行为和交通 CO_2 排放的影响。4 个情景均考虑了北京人口的动态变化，也包含交通政策、城市发展和交通技术的综合考量，因为这些对出行行为和碳排放产生了重要的影响。这4 个情景包括交通政策趋势、土地利用和交通政策、城市紧凑发展和车辆技术，以及组合政策。

相比之前用汇总的车辆、人口统计数据来估算交通 CO_2 排放，情景分析展示了新的自下而上的方法，可以在精细的空间尺度下用个人的出行属性去模拟和预测交通 CO_2 排放。计算在4 个情景下到2030 年乘客的人均交通 CO_2 排放，具体公式包含出行距离、特定模式 CO_2 排放系数、出行频率、交通模式份额。

$$Average\ \mathrm{CO_2} = \sum MS_j \times ATF \times ATD_j \times EF_j \tag{7.3}$$

其中，MS_j表示交通方式 j（j = 自行车、公共汽车、地铁、私人汽车、出租车和其他）的模式份额，*ATF* 表示在一个典型工作日的平均出行频率（每人每天），ATD_j表示交通方式 *j* 的平均出行距离，EF_j表示与交通方式 *j* 相关的排放因子。

此外，本章计算了人们日常出行产生的 CO_2 排放总量，由总人口（即2020 年和 2030 年 8 个城区的预计总人口数）乘以平均 CO_2 排放量衡量，即：

$$Total\ CO_2 = \sum MS_j \times (ATF \times TP_t) \times ATD_j \times EF_j \quad (7.4)$$

其中，TP_t表示第 *t* 年（*t* = 2020 年或 2030 年）的总人口。这个方法建立了一套现实可行的交通 CO_2 排放预测模型，研究人们日常出行行为（比如出行距离、交通模式份额）的变化会如何影响交通碳排放，并估计当前和潜在策略对交通、城市发展和技术的影响。

一　人口预测

本章第二节为北京市 2000 ~ 2010 年的交通 CO_2 排放提供了基线结果，这些结果与其他研究提供的有限验证数据是一致的（Qin and Han，2013b）。在这里，模型被用来探索可能的碳未来，特别是可能的管理策略对人们 2030 年日常出行的 CO_2 排放的影响。本章考虑 4 个情景：第一个是交通政策趋势（Transport Policy Trend，TPT）情景，即在当前交通政策的延续下预测未来的排放量；第二个是土地利用和交通政策（Land Use and Transport Policy，LUTP）情景，主要是检验结合城市发展策略与交通政策对排放的影响；第三个是城市紧凑发展和车辆技术（Urban Compaction and Vehicle Technology，UCVT）情景，检验结合城市紧凑发展和车辆技术变革的影响；最后一个情景是组合政策（Combined Policy，CP），检查联合交通政策、城市发展策略和汽车技术等综合政策的影响。

这 4 种情景都包含了北京市人口的动态变化，对出行需求和最终排放来说是重要的变量（Li et al.，2010）。表 7 – 4 是 2000 ~ 2010 年观察到的人口变化，年均增长率为3.26%，预计在未来20年里只会略微下降，这主要是由于国内（主要是城乡之间）的人口迁移（Yuan et al.，2008）。为了控制人口的增长，两项城市规划已经开始实施，分别是《北京城市总体规划（2004年—2020年）》和“十二五”规划。这些规划都要求北京地方政府对全市的总人口进行限制，并减缓人口的年均增长率。在本章的情景分析中，采用中心城区和近郊区这8个区域模拟人口的年均增长率来进行预测，即在2010~2020年，模拟的年均增长率为2.40%；2020~2030年，模拟的年均增长率为2.20%（见表7-4）。基于所估计的城市人口份额，得到2020年北京市总人口的预估值为2396万人，2030年的预估值为2979万人，这一估计与对北京2030年的人口预测值2982万人比较接近（Feng et al.，2013）。

表7-4　北京市2000~2030年的人口增长情况

单位：万人，%

变量	2000年	2005年	2010年	2020年	2030年
城八区人口数量	850	953	1172	1486	1847
总人口数量	1357	1538	1961	2396	2979
城市人口占比	62.64	61.96	59.77	62.05	62.00
年均增长率	2.61	2.31	4.22	2.40	2.00

注：城市人口占比=城八区人口数量/总人口数量×100%；年均增长率指城八区年均人口增长率；2000年年均增长率（2.61%）为1990~2000年的年均人口增长率。

资料来源：2000~2010年的人口数据来源于《北京统计年鉴》，2020~2030年的人口数量是笔者基于预计的人口增长估计出来的。

二　交通政策趋势（TPT）

交通政策趋势这一情景主要反映运输政策的未来延续，旨在鼓励人们使用公共交通，同时减少私人汽车出行。其主要是通过监管、限制汽车牌照发放，加快建设快速公交系统（Bus Rapid Transit，BRT）以及延长地铁通行里程等措施（见表7-5）来限制私人汽车的使用。

表 7－5　4 种情景的设定

指标	TPT	LUTP	UCVT	CP
改善公共交通的发展并限制私人交通工具的使用	20% 的行车限制；继续限量签发车辆牌照；到 2020 年在中心城区至少建成 18 条快速公交路线（BRT），在郊区至少建成 9 条 BRT 线路；到 2015 年地铁总通行里程达到 660 公里；等等	20% 的行车限制；继续限量签发车辆牌照；到 2020 年在中心城区至少建成 18 条快速公交路线（BRT），在郊区至少建成 9 条 BRT 线路；到 2015 年地铁总通行里程达到 660 公里；等等	无	20% 的行车限制；继续限量签发车辆牌照；到 2020 年在中心城区至少建成 18 条快速公交路线（BRT），在郊区至少建成 9 条 BRT 线路；到 2015 年地铁总通行里程达到 660 公里；等等
促进城市的紧凑集约发展，减少交通出行里程数（VKT）和机动车出行	无	城市更新；街区和邻里社区中心的集约紧凑发展；促进郊区人口密度的增长；住宅区附近建设基本的服务设施；建设面向行人的街道网络；等等	城市更新；街区和邻里社区中心的集约紧凑发展；促进郊区人口密度的增长；住宅区附近建设基本的服务设施；建设面向行人的街道网络；等等	城市更新；街区和邻里社区中心的集约紧凑发展；促进郊区人口密度的增长；住宅区附近建设基本的服务设施；建设面向行人的街道网络；等等
发展交通车辆技术，提供新的清洁能源汽车，提高能源利用效率	无	无	提高排放标准；以清洁能源汽车替代原有交通工具，如 CNG 公共汽车、LPG 出租车、HEV、FCV 等；提高燃料使用效率	提高排放标准；以清洁能源汽车替代原有交通工具，如 CNG 公共汽车、LPG 出租车、HEV、FCV 等；提高燃料使用效率

资料来源：作者自绘。

北京奥运会期间（2008 年 7 ~ 9 月），人们关注空气质量是否达标，北京市政府根据汽车车牌号的末位数字限制车辆使用，在政策允许的日期使用相应汽车（Hao et al.，2011）。2008 年 10 月，这一限制从 50% 的限制率放宽到 20%（在五环内城区的工作日，每天选出车牌号尾号是指定两个数字的车辆进行限行）。2010 年 12 月，北京推出了汽车牌照的限制政策用来控制私人汽车拥有量的增长。控制和管理北京小型载客车辆的政府信息可以在网站[①]上查到。通常，车辆牌照的申请者需要经历以下步骤才可以购买私人汽车。首先，牌照申请人必须满足一些要求（如具有北京户口或具有北京工作和居留证件），并在官方网站注册申请一个账户。随后，牌照申请人需要进行随机摇号——只有这样才能买到一辆拥有有效牌照的私人汽车。2011 ~ 2013 年，车辆牌照指标总量为 24 万个，而在 2014 ~ 2017 年，这一指标将减少到 15 万个。[②] 同时，对于已成功摇到号的人来说，他们也必须在 6 个月内完成车辆的登记手续，否则将被视为放弃拥有汽车的资格。

《北京市“十二五”时期交通发展建设规划》提出了改善公共交通的政策。北京市政府计划对 BRT 网络进行全面改善，到 2020 年，BRT 线路由 2007 年的 1 条增加到 20 多条——9 条连接中心城区与郊区，18 条贯通中心城区内部（Ma et al.，2008）。与普通的公共汽车相比，BRT 公共汽车拥有专用通道，这可以在高峰时段将运行速度从 10km/h 提高到 20km/h，同时有效地使公交系统的承运量翻倍，在车辆数量不增加的情况下，可以增加 800 万乘客（Creutzig and He，2009）。与此同时，北京市政府也在不断建设地铁系统，到 2015 年将地铁网络通行里程延长至 660 公里。

公共交通的提速能够有效改变人们的出行模式选择。在首尔，5% 的私人汽车出行在公共交通提速下转变为公共汽车与地铁出行（Lee et al.，

① 网站为北京市小客车指标调控管理信息系统，https：//xkczb. jtw. beijing. gov. cn。

② 网站为北京市小客车指标调控管理信息系统，https：//xkczb. jtw. beijing. gov. cn。

2003)。这也是北京市“十二五”规划的重要目标，即在2015年实现城区公共交通出行比例提高至50%，私人汽车出行比例下降至25%，自行车出行比例达到18%。基于这样的一些政策参数限制，在TPT情景下，预测到2020年公共交通出行比例为51.9%（其中公共汽车33.5%，地铁18.4%），到2030年公共交通出行比例为57.0%（其中公共汽车35.6%，地铁21.4%）（见表7-6）。预测的私人汽车出行占比在2020年下降至25.0%，在2030年下降至23.0%，同时自行车出行的比例在2030年将达到15.0%。不同交通模式的平均出行距离、个人出行频率和TPT情景下的车辆排放因子采用2010年的模拟结果并且假定在2010~2030年保持不变。在情景分析中，步行被排除在出行模式之外，步行在平均出行频率的估计中也被排除。根据2010年的模拟结果，在2010~2030年的4种情景下，平均出行频率约为每人每天2次。

表7-6　4种情景下出行行为的关键参数

控制因素	分类	TPT		LUTP		UCVT		CP	
		2020年	2030年	2020年	2030年	2020年	2030年	2020年	2030年
模式占比（%）	自行车	17.0	15.0	18.0	16.0	11.0	8.0	18.0	16.0
	公共汽车	33.5	35.6	34.5	36.6	32.4	28.0	34.5	36.6
	地铁	18.4	21.4	19.4	22.4	12.9	13.0	19.4	22.4
	私人汽车	25.0	23.0	22.0	20.0	37.3	45.5	22.0	20.0
	出租车	4.5	4.0	4.5	4.0	5.6	4.6	4.5	4.0
	其他	1.6	1.0	1.6	1.0	0.8	0.9	1.6	1.0
平均出行距离（公里）	自行车	3.3	3.3	2.8	2.6	2.8	2.6	2.8	2.6
	公共汽车	16.5	16.5	14.0	13.2	14.0	13.2	14.0	13.2
	地铁	22.6	22.6	19.2	18.1	19.2	18.1	19.2	18.1
	私人汽车	13.8	13.8	11.7	11.0	11.7	11.0	11.7	11.0
	出租车	9.7	9.7	8.2	7.8	8.2	7.8	8.2	7.8
	其他	6.1	6.1	5.2	4.9	5.2	4.9	5.2	4.9
排放因子[克/(人·公里)]	自行车	0.0	0.0	0.0	0.0	0.0	0.0	0.0	0.0
	公共汽车	73.8	73.8	73.8	73.8	59.0	55.4	59.0	55.4
	地铁	9.1	9.1	9.1	9.1	7.3	6.8	7.3	6.8
	私人汽车	178.6	178.6	178.6	178.6	142.9	134.0	142.9	134.0

续表

控制因素	分类	TPT		LUTP		UCVT		CP	
		2020 年	2030 年	2020 年	2030 年	2020 年	2030 年	2020 年	2030 年
排放因子［克/（人·公里）］	出租车	178.6	178.6	178.6	178.6	142.9	134.0	142.9	134.0
	其他	113.6	113.6	113.6	113.6	90.9	85.2	90.9	85.2

资料来源：根据 2000 ~ 2010 年模拟结果进行预测估算出来的。

三　土地利用和交通政策（LUTP）

土地利用和交通政策情景则是在上述交通政策的基础上，将城市规划和设计的政策措施纳入解决出行增长的问题中。近年来，城市的发展建设大多遵循西方的规划模式，即进行土地利用的分区规划，每一块区域具有单一的功能，同时存在大量的住宅区设计开发和机动车导向的街区设计。2010 年，北京市的城市形态，尤其是郊区呈现低密度开发、土地混用的特点（Zhao et al.，2010）。而与此相对应的其他规划策略则在其他地区已经被尝试使用，并且已经被证实其在鼓励非机动车出行和减少车辆交通出行里程上是有效的（Grazi et al.，2008；Qin and Han，2013a）。这种“新城市主义”“精明增长”“公共交通导向”的发展策略旨在寻找一种更加紧凑的、以高密度和混合土地利用为特征的城市形态，并通过优先考虑公共交通以提供便捷的工作和服务（Mitchell et al.，2011）。

截至 2009 年，北京没有明确的政策来促进“精明增长”的发展，尽管一些地方层面的实践已经在中国其他地方引入了“生态城市”概念，例如天津（中国城市科学研究会，2009）。在 LUTP 情景中，假设紧凑型的城市发展在推进，连同上面描述的交通政策，促进了大量公共交通的发展，严格控制了私人汽车的使用。主要的紧凑措施包括老城市居民区的城市再开发、城市更新，以及高强度地开发社区中心，使郊区人口密度增加 50%，在住宅区附近建设基本服务设施，使日常活动在步行距离内开展，并发展适合步行的郊区街道网络（见表 7－5）。这些措施将对北京的出行和模式选择有重大影响。

通过对美国85个土地使用VKT的情景回顾发现，在不同的规划方案下，车辆行驶公里会大幅度减少，而从长远视角来看其差异更大（Bartholomew and Ewing，2009）。比较北京2007年出行调查的不同社区（传统的和商品性住房）的出行距离，采用紧凑型城市发展策略（如土地混合利用、提高人口密度），不同交通方式的平均出行距离在LUTP情景下到2020年减少15%，到2030年将进一步减少5%（见表7-6）。在模式份额方面，在LUTP情景中，有3%的汽车出行被认为是会转换到公共汽车、地铁和自行车上，每一种占1/3，就像之前的一些研究所表明的那样（He et al.，2013）。2010~2030年，汽车排放因子被假定为与TPT情景相同。

四　城市紧凑发展和车辆技术（UCVT）

在城市紧凑发展和车辆技术情景下，推进紧凑型城市建设政策，同时大力推广清洁能源汽车技术，主要包括提高在用和新的交通工具的排放标准、提高燃料使用效率、使用清洁燃料替代传统燃料等（见表7-5）。在中国，中央和地方政府都致力于大力推进清洁车用燃料及清洁能源汽车的发展和使用，如通过国家清洁汽车行动（1999年）、《可再生能源法》（2005年）、《新能源汽车生产准入管理规则》（2007年）等政策法规（Hu et al.，2010），鼓励和推动液化石油气、压缩天然气、电动汽车、混合动力电动汽车、燃料电池车等车用清洁能源及清洁能源汽车的使用。

在这些政府政策的干预之下，在公共汽车和出租车当中使用液化石油气和压缩天然气的比例大大增加。2005年，北京市已有超过2000辆压缩天然气公共汽车、600辆液化石油气出租车以及大约3.2万辆汽油/液化石油气双燃料出租车，这些新燃料汽车相比于传统的车辆，在道路行驶中表现出更为优越的性能（Hao et al.，2006）。然而，相比于全球由2002年4万辆迅速增长至2007年50.9万辆的混合动力电动汽车销售量，尽管中国在电动汽车、混合动力电动汽车、燃料电池车的研发项目上进行了很大的投资，但中国清洁能源汽车的增长依然十分缓慢（Hu et al.，2010）。在这一情景设定中，我们假设政府将会继续鼓励新能源项目，对购买混合动力电池车和燃料电池车进行补贴，并争取在2030年的新能源汽车使用量上，实现与欧盟目前水平持平。

同时，提高燃料效率及排放标准还包括以下一些情况。2004年，中国首次针对客车发布了两阶段的汽车燃料经济性标准，能够促使车辆将燃料使用效率提高15%（Huo et al.，2012）。与此同时，车辆的平均燃料消耗率不断下降，2002年为9.11L/100km，2006年为8.06L/100km，2009年则降到了7.87L/100km（Wagner et al.，2009；Wang et al.，2010）。2014年，第三阶段的燃料经济性标准已经拟定，其与美国的CAFE标准类似，旨在于2015年实现将车辆燃料效率提高至6.9L/100km，2020年则预计达到4.5～5.0L/100km（Huo et al.，2012）。此外，北京市政府也制定了车辆排放标准，在2008年对轻型汽车实行了欧Ⅳ标准。此后，北京市推行了更为严格的排放标准，即在2012年采用欧Ⅴ标准，在2016年采用欧Ⅵ标准（Wu et al.，2011）。

通过提高燃料使用效率和使用清洁燃料，中国客运交通的总碳排放因子预计将减少17%（Liu et al.，2007）、22%（Ou et al.，2010）或25%（Zhang et al.，2013）。与趋势值相比，UCVT情景假定2020年碳排放因子减少量为中间值20%，2030年为25%。车辆通行里程假定与LUTP情景相同。而由于在交通出行模式方面没有推行主要的交通政策，私人汽车出行占比依旧假定按照历史趋势[①]（2000～2010年）进行推算，即私人汽车出行占比在2020年为37.3%，在2030年为45.5%，而采用公共交通出行的

① 根据历史趋势，2000～2010年，汽车出行份额增加了11.2%；紧缩政策将使3%的汽车出行份额转向公共出行和自行车出行。因此，在UCVT的情景下，汽车出行份额将增加8.2%，在2020年为37.3%（29.1%＋8.2%），在2030年为45.5%（37.3%＋8.2%）。

比例在2020年和2030年则分别达到了45.3%和41.0%（见表7－6）。

五　组合政策（CP）

上述三种情景（即TPT、LUTP、UCVT）分别从不同方面阐述具体措施，最后一种情景——组合政策，认为以上所讨论的所有情景都是为了降低人们日常出行的交通CO_2排放量，包括交通政策、紧凑型城市发展和车辆技术（见表7－5）。这些措施的完整组合对出行距离、模式选择和排放因素都有很大的影响（见表7－6）。接下来的章节将展示北京关于未来交通CO_2排放的4个情景下的分析和结果。

第四节　结果

一　碳排放的减排潜力

基于上述假设，本章首先根据出行模式占比、出行频率、出行距离及各种出行模式的特定碳排放因子，计算得到了2030年4种情景下的人均出行碳排放。其计算公式如下：

$$Average\ CO_2 = \sum MS_j \times ATF \times ATD_j \times EF_j \tag{7.5}$$

式（7.5）中，MS_j指各个出行模式的占比（j = 自行车、公共汽车、地铁、私人汽车、出租车及其他），ATF代表工作日的平均出行频率（即每人每天有2次出行），ATD_j代表以j模式出行时的平均出行距离，EF_j则指代以j模式出行时的碳排放因子。

图7－8显示了2000～2030年的计算结果。与2000～2010年的急剧增长相比，在TPT情景假设下，由于交通政策能够有效鼓励公共交通出行并有效减少私人汽车出行，人均出行碳排放量的增长逐年放缓，并有下降趋

势，2020 年其数值为每人每天 2.30 千克，2030 年则减少到每人每天 2.24 千克。而在土地利用和交通政策情景下，2020 年的人均碳排放量可以下降到每天 1.85 千克，到 2030 年可以下降到每天 1.70 千克，这主要是由交通出行里程数的减少造成的。

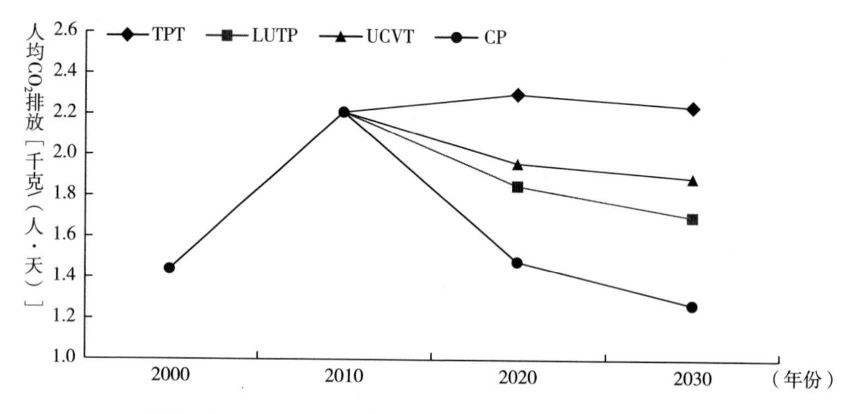

图 7－8　2000～2030 年居民日常出行的人均 CO_2 排放量

资料来源：作者自绘。

在 UCVT 情景下，紧凑型城市建设不断推进，交通车辆技术也在不断发展，每人每天的平均碳排放量在 2020 年为 1.96 千克，在 2030 年为 1.89 千克，相比 2010 年下降了 14.5%。然而，当同时考虑交通运输政策、紧凑型城市发展及车辆技术改进时（即 CP 情景），预计到 2020 年，每日的人均碳排放量将急剧下降至 1.48 千克，到 2030 年更是下降至 1.27 千克，相较于 2010 年减少了 42.5%。这一结果表明，尽管交通运输政策、紧凑型城市发展模式和车辆技术改进都是促进减排的有效措施，但当它们被独立采用时，其对减少居民日常出行碳排放的效果都不明显。未来最高效的减排方案仍需要将出行行为、城市规划和交通运输技术这三方面结合起来。

二　碳排放总量的对比分析

基于居民日常出行的碳排放量与总人口数，可以得到 2020 年、2030

年北京市城八区的碳排放总量，其计算公式为：

$$Total\ CO_2 = \sum MS_j \times (ATF \times TP_t) \times ATD_j \times EF_j \tag{7.6}$$

其中，TP_t 代表 t 年时人口的总量（t 为 2020 年或 2030 年）。

图 7 -9 为 2020 年和 2030 年北京城区居民交通出行碳排放总量。在 TPT 情景下，交通出行碳排放总量在 2020 年达到每天 3.42 万吨，在 2030 年达到每天 4.14 万吨，且私人汽车出行所产生的碳排放量在其中均占到了 50% 左右（见图 7 -10）。当同时将紧凑型城市的政策与交通出行里程的影响纳入考虑时，即在 LUTP 情景下，交通出行的碳排放总量在 2020 年比 TPT 情景降低了 19.6%，在 2030 年比 TPT 情景降低了 24.4%，由公共交通出行产生的碳排放总量占比则在 2030 年提高到了 46.4%（见图 7 -10）。

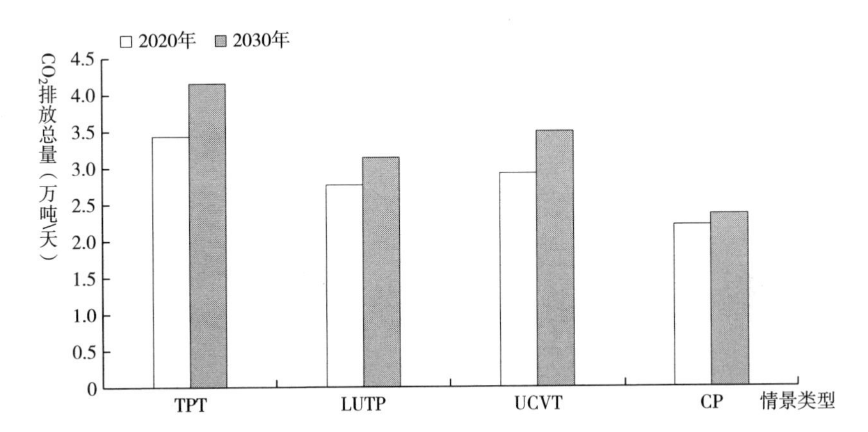

图 7 -9　2020 年和 2030 年北京城区居民交通出行碳排放总量

资料来源：作者自绘。

相比之下，在 UCVT 情景中，将城市紧凑发展政策与车辆技术的发展进行综合考虑，其 2030 年预计产生的交通出行碳排放总量比同年 TPT 情景下的交通出行碳排放总量低 15.9%，但私人汽车所产生的碳排放量却达到碳排放总量的 70% 以上（见图 7 -10）。这主要是由更加庞大的车辆数量及不断增长的私人汽车出行造成的。继续鼓励推行公共交通，并通过交通政策限制私人汽车出行，将是北京减少交通出行碳排放的有效方案。然

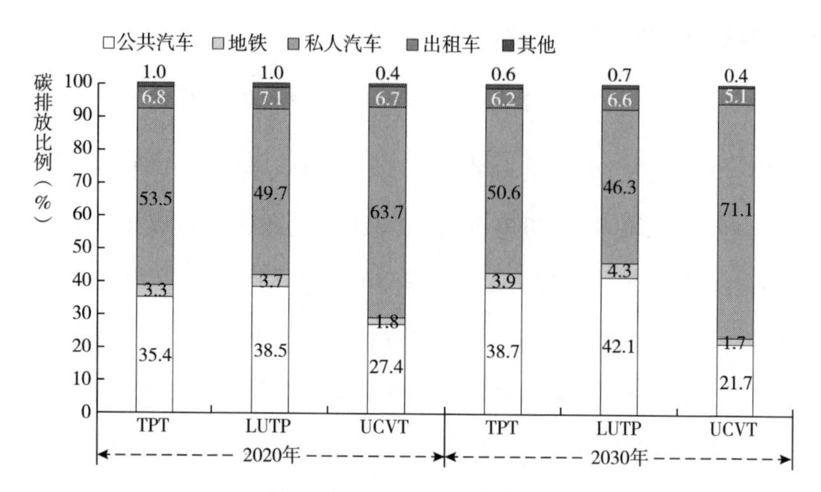

图 7-10　2020 年及 2030 年不同出行模式的交通出行碳排放比例

资料来源：作者自绘。

而，如果将土地利用政策及先进的车辆技术这两个敏感的出行因素也纳入考虑当中，则交通出行碳排放总量将大幅下降，即在 CP 情景下，2020 年的碳排放总量比 TPT 情景降低 35.7%，2030 年的碳排放总量比 TPT 情景降低 43.2%。

第五节　敏感性分析

为了解决出行假设中的不确定性，用敏感性分析去检验模型对输入参数变化的反应。改变所有出行参数（见表 7-6）中某一个参数的 20%（通常使用的值），而其余的则保持不变。将得到的交通 CO_2 排放量与趋势情景或参考情景下的 CO_2 排放量进行比较，而每一个出行参数的敏感度则利用式（7.7）进行计算：

$$S_j = \Delta EC_j / EC \times 100\% \tag{7.7}$$

其中，S_j是对车辆类型 j（j = 自行车、公共汽车、地铁、私人汽车、出租车和其他）的一个特殊出行参数（比如模式份额、出行距离或排放因素）的敏感度值；*EC* 指 2030 年趋势情景下所估计的 CO_2 排放量，ΔEC_j 指在车辆类型 j 的出行参数改变 20% 的情景下 CO_2 排放的增加量或减少量。

敏感性分析表明，北京居民日常出行的交通 CO_2 排放在很大程度上对自行车、地铁、出租车和其他车辆类型（比如摩托车）是不敏感的，因为出行参数变化了 20%，仅导致出行碳排放产生低于 2% 的变化（见图 7－11）。与之相反，交通 CO_2 排放对私人汽车的出行距离、模式份额或排放因素的变化最为敏感或者说是影响最大，因为它的敏感度值为 10.12%，其次是公共汽车，为 7.74%。

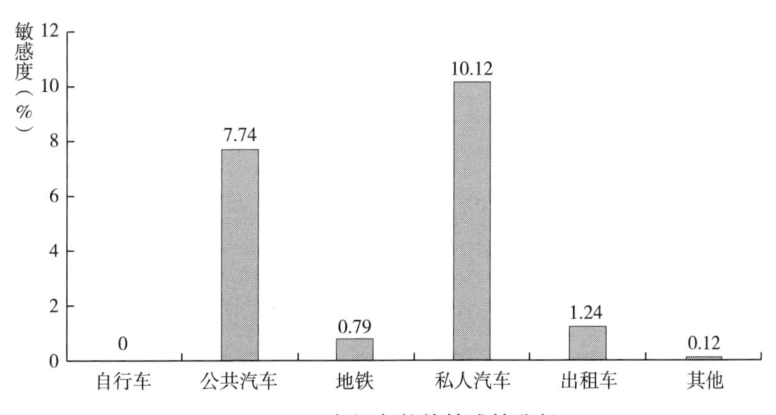

图 7－11　出行参数的敏感性分析

资料来源：作者自绘。

第六节　小结

与已有大部分文献使用车辆总数来估计交通出行碳排放的研究不同，本章提出了一种新的自下而上的研究方法，利用城市居民的日常出行数据和出行属性数据，对公开的出行调查、能源统计及人口普查数据都十分稀缺的中国超大城市进行了研究，预测和模拟其 2030 年的交通出行碳排放。

使用空间微观模拟方法，首先估算了2000～2010年北京市城市居民日常出行的交通碳排放量。微观模拟的结果表明，城市居民人均出行的交通碳排放量2000～2010年显著增加，2010年达到每人每天2.21千克。模拟结果还显示，北京市城市交通出行碳排放总量自2000年起增加了114%，尤其是海淀区和朝阳区的碳排放量相对较高。

随后，在2000～2010年碳排放估计的基础上，本章还设定了4种情景，分别考虑在交通政策、城市规划及交通运输技术这几个方面及其组合的变化下，北京市2030年城区居民日常出行行为（如出行距离、出行模式占比等）对交通出行CO_2排放的影响。这4种情景（即交通政策趋势、土地利用和交通政策、城市紧凑发展和车辆技术以及组合政策）说明了本章所使用的模型方法的可行性，同时它们也是北京市未来可能的战略趋势的合理反映。模拟的结果表明，与TPT情景相比，同时采用交通政策和城市发展政策能够在2030年减少24.4%的碳排放量。而当交通运输政策、紧凑型城市和车辆技术综合作用时，碳排放总量将急剧下降，在2020年将比TPT情景降低35.7%，在2030年将比TPT情景降低43.2%。这一结果表明，未来能够实现交通出行碳排放减少的最为有效的方案是对出行行为、城市规划、车辆技术这三个方面进行综合考虑。

第八章
结论与讨论

第一节 引言

自20世纪80年代以来，中国经历着快速城镇化和空间重构，伴随出行的大幅增长，以及能源消耗、温室气体排放、交通拥堵和空气污染等问题（Feng et al.，2013）。我国缺乏在非汇总尺度下深入探讨个人日常出行的 CO_2 排放量与中国不断变化的城市形态之间关系的研究。在中国出行行为数据相对缺乏的情况下，本书基于空间微观模拟技术提出了一种新的自下而上的方法，模拟大样本北京市居民的日常出行行为，并对交通 CO_2 排放量进行了估算和预测。空间微观模拟方法考虑到人们在精细的空间尺度下的日常出行行为，克服了出行数据不足的限制，这些数据限制往往阻碍发展中国家超大城市的出行行为空间分析以及低碳城市规划。本书提出的自下而上方法提供了对交通 CO_2 排放空间异质性的深入见解，并能测试一系列情景以检验非汇总尺度下的出行行为及减排潜力。此外，为了说明方法的实用性，本书还估算了到2030年4个情景下乘客出行行为的交通 CO_2 排放。开发这些情景的目的是在当前和未来可行的交通政策、城市发展和车辆技术战略下探索出行行为和交通 CO_2 排放的关系。它也为与中国可持续发展和低碳城市发展有关的规划干预措施提供了更详细和现实的评估。

第二节　研究总结

本书的目标是提高人们对在中国快速城镇化和空间重构背景下城市形态和日常出行行为对交通 CO_2 排放影响的理解。为实现这个目标，本书提出了一种自下而上的方法，在精细的空间尺度下对大样本人口的日常出行行为进行空间模拟，并模拟和预测了 2000 ~ 2030 年交通 CO_2 排放及不同政策的影响。

一　基于巡回的出行建模

本书第四章以巡回为基本分析单元，研究了家庭和个人的社会经济属性，以及居住地和工作场所的城市形态特征如何影响基于巡回的日常出行行为。该方法采用一系列离散选择模型考虑了城市形态和社会人口学特征，并从三个方面分析了出行链行为——巡回的产生、巡回的行程安排，以及不同巡回之间的交互依赖效应。与已有文献进行汇总层面的研究不同（Krizek，2003），本章在个体尺度下研究出行行为，并进一步分别探讨在一天一次、两次和三次巡回的情况下不同属性特征对在职人员和非在职人员基于巡回的出行行为的影响。这样既考虑了巡回的顺序，又考虑了巡回的交互依赖效应，而这些在已有研究中很少被考虑到。

这种对城市形态—出行链的非汇总分析为基于巡回的出行决策提供了更为深入的理解，并为土地利用和出行规划提供了科学依据，同时也有助于对出行行为的预测，能够使用基于个体的建模技术（如微观模拟）对其进行建模和分析。然而，本书仅限于典型工作日的巡回生成、巡回行程安排和巡回交互依赖效应分析。由于数据的限制，周末的出行行为可能更加灵活，并可能受到社区尺度的城市形态的影响，这里不做讨论。此外，家庭内部不同成员之间的互动（如男性和女性户主之间的家庭互动）以及人们在周日和随后的星期一的出行链之间的相关性，本书没有进行探讨，可以在未来的研究中进一步分析。

统计模型结果表明，家庭和个人的社会人口学特征与人们基于巡回的出行行为显著相关。例如，高收入的在职人员或家中有孩子的在职人员通常在一个典型的工作日里巡回频率相对较低；但当他们离开家时，中途会有更多的停留点，也就是采用更为复杂的巡回类型。老年人往往在去上班之前参与更多的非工作活动。尽管本书与发达国家观察到的巡回频率没有明显的性别差异（McGuckin and Murakami，1999），但是本书发现女性在巡回中具有更多的停留点。受教育程度较低的非工作人员通常在一个典型的工作日参与较少的巡回，而若是家中有孩子则会参与更多的巡回，并在途中参与一些家庭活动。

居住地和工作场所的城市形态特征与巡回频率显著相关，但在出行复杂性方面存在差异。例如，对于在职人员来说，较高的居住密度与更多地以家庭为基础、有较少停留点的巡回相关，而工作场所的土地利用混合度、高密度和高可达性则与工作巡回中更多停留点或更复杂的巡回模式相关。对于非在职人员，居住在人口密度较高或地铁可达性较高的社区的人往往比其他人更频繁地出门，并在巡回过程中产生更多停留点。此外，本书揭示了在典型工作日居民进行多次巡回的交互依赖效应，部分内容发表在同行评审的学术期刊上（Ma et al.，2014b）。

二　空间微观模拟

本书在精细的空间尺度下对大样本人口的日常出行行为（包括出行距离和模式选择）进行空间模拟，并在非汇总尺度下估算 2000 ~ 2010 年城市居民日常出行的交通 CO_2 排放量及其空间差异。具体而言，应用模拟退火算法创建 2000 年北京街道尺度的一个仿真的虚拟人口数据集。人口合成是在基于模拟退火算法的可变模型框架下进行的，空间微观模拟的约束条件是显著的社会人口属性，包括年龄、性别、受教育程度、就业情况和职业等，这些都对出行行为有显著影响。通过拟合优度指标验证合成重构的人口数据集，结果表明，合成人口与现实人口属性特征匹配良好。基于空间微观模拟的虚拟人口，对大样本居民的日常出行进行空间模拟，包括出行距离和出行模式选择，并估算了北京市2000年街道尺度的城市交通 CO_2 排放。

本书第六章的分析代表了人们日常出行和交通 CO_2 排放的复杂空间微观模拟，可作为低碳城市规划或发展中国家超大城市交通政策评估的坚实基础。然而，这是通过使用有限的数据，即活动日志调查和抽样人口普查来实现的。中国没有全国性的出行调查数据（Pucher et al.，2007），而北京市政府只公布了汇总层面的出行调查数据（可能由于保密性限制了更多个体水平数据的发布）。因此，考虑到北京的规模，本书利用活动日志调查数据和10%的人口普查长表数据。尽管如此，本书采用模拟退火算法估算的空间微观模拟结果还是得到了有效验证。

本书也有一些局限性。首先，空间微观模拟中的约束条件是一些重要的社会人口属性，而其他属性，如生活方式变量以及可能影响人们日常出行行为的空间位置没有考虑在内。这主要是因为活动日志调查和人口普查数据集中没有这些变量，所以无法将其作为约束条件。此外，本书主要使用周一的样本来估计人们在一个典型工作日的城市日常出行及交通 CO_2 排放量，并不包含周末信息的分析。空间微观模拟可以通过调整来识别一周不同时间的出行模式差异，但是目前无法获得产生相关比例因子所需的出行观测结果，因此只估计一个工作日的碳排放。然而，尽管样本量很小，但就所用的抽样程序而言，微观调查数据具有代表性——调查区域覆盖了北京市中心城区和近郊区的所有不同类型的街区。通过比较普查数据和出行调查数据集的属性，发现调查的样本人口可以较好地代表目标人群。由于目前还没有类似的研究在微观尺度上估算北京城市大样本居民日常出行的交通 CO_2 排放量，所以很难在个体尺度上验证模拟结果。然而，通过将汇总的出行特征与北京交通发展研究院开展的家庭出行调查和其他独立的家庭访谈调查（Zhao et al.，2011）进行比较，可以在总体水平上对模拟结果进行验证。

整体而言，本书第六章的微观模拟结果表明，居住在近郊区的人们出行更远，低碳出行更少，工作日的碳排放量也高于平均水平。相比之下，居住在高人口密度、高土地利用混合度和高可达性的中心城区居民更多采用低碳出行行为。该分析通过开发人们日常出行的空间微观模拟技术，提出了一种新的自下而上的方法，在非汇总尺度下提供了交通 CO_2 排放量的估计及微观空间分析。

本书第七章以 2000 年的基本情况为出发点，应用第六章提出的自下而上方法，合成 2010 年虚拟人口数据集，并模拟 2010 年大样本居民的日常出行行为以及 CO_2 排放量。结果表明，2000～2010 年，北京居民日常出行的平均 CO_2 排放量显著增加，2010 年达到每人每天 2.21 千克。自 2000 年以来，北京城市 CO_2 排放总量增长了 114%，其中朝阳区和海淀区是高排放区。而社会人口属性的作用以及城市形态和交通发展的变化也在这一时期的模拟趋势中得到了检验。

三　情景模拟

在不同情景下估算 2030 年城市居民出行行为产生的交通 CO_2 排放量，并评估不同政策的减排潜力，以促进中国城市的可持续发展。具体而言，利用北京市 2000～2010 年交通 CO_2 排放基线结果，进一步探讨了到 2030 年人们日常出行行为（如出行距离、交通方式份额等）的变化对交通碳排放的影响。在当前和潜在的交通政策、城市发展模式和车辆技术策略下，开发了 4 种情景（交通政策趋势、土地利用和交通政策、城市紧凑发展和车辆技术以及组合政策）来探讨出行行为和交通 CO_2 排放的关系。

与已有文献使用总计的车辆和人口统计数据估计交通 CO_2 排放的研究不同（Dhakal，2009），本书运用自下而上的方法，使用个人尺度出行属性去模拟和预测城市居民日常出行产生的交通 CO_2 排放量，该方法可以探讨不同层面的因素对碳排放的影响，并能够探索不同情景和政策或计划干预措施的有效性。然而，由于它仅预测了北京市区（8 个城区）乘客出行所产生的交通 CO_2 排放量，所以我们很难将分析结果与其他主要在更大范围内进行的研究（如中国）进行比较。

尽管如此，这些情景是北京未来政策的合理反映，也是北京城市规划者和决策者正在讨论的主要政策方案（He et al.，2013）。模拟结果表明，与趋势情景相比，采用交通和城市发展政策，到 2030 年碳排放总量可再减少 24.4%。此外，当交通政策、紧凑型城市发展和车辆技术相结合时，交通 CO_2 排放总量将大幅下降，比 2020 年的 TPT 情景降低 35.7%，比 2030 年的 TPT 情景降低 43.2%。结果表明，未来减少交通 CO_2 排放最有效的解决方案是将有关出行行为、城市规划和车辆技术的解决方案结合起来进行综合考虑。

四　小结

综上所述，本书主要在个体尺度详细研究了北京城市形态和日常出行行为对交通 CO_2 排放的影响。它同时结合了来自地理和交通领域的活动分析法以及空间微观模拟方法，并将其应用于发展中国家。而在这些国家，对诸如出行行为和相关交通 CO_2 排放等现象进行精细尺度分析的详细数据非常缺乏。本书提出了一种自下而上的方法，在个体尺度模拟交通 CO_2 排放量，并对不同政策、战略或技术的效果进行有效评估。然而，由于本书的研究存在一定的局限性，加上缺乏研究区域的建筑能耗数据等制约因素，所以本书没有研究城市形态对住宅能源利用和生命周期碳排放的影响。希望随着未来相关研究的发展，这些分析技术和建模方法能够成为支撑城市空间分析、住宅能耗预测以及环境和卫生政策评估的重要工具。

第三节　讨论

一　政策影响

自 20 世纪 90 年代起，中国的城市发展大多追随以汽车为中心的交通系统和单一功能住宅的西方发展模式（Wang and Chai，2009）。在快速的城市扩张下，北京郊区的发展模式具有低密度、土地单一利用的特点；而内城依旧保持着高密度、高土地利用混合度和高可达性的多样化传统社区特点（Zhao，2010）。本书以北京市为例，说明城市形态对人们的日常出行行为和交通 CO_2 排放具有显著影响。高人口密度、高土地利用混合度和良好的公共交通可达性可以减少对私人汽车使用的依赖，使居民出行距离更短，同时减少碳排放。建议政府鼓励紧凑型城市发展，以减少 CO_2 排放和应对气候变化。

交通政策也是减少城市日常出行碳排放的有效工具。随着交通政策的推行，政府鼓励公共交通的使用和减少私人汽车出行，与 2000 ~ 2010 年的急剧增长相比，未来交通 CO_2 排放总量的增长将更加缓慢。模拟结果表明，在交通政策趋势的情景下，2020 年城市交通 CO_2 排放量将缓慢增长至 2.30 千克/（人·天），2030 年为 2.24 千克/（人·天）。而随着现行交通政策的延续，2020 年交通 CO_2 排放总量约为 3.42 万吨/天，2030 年约为 4.14 万吨/天，其中汽车出行占所有交通碳排放量的一半左右。

此外，当采用交通和城市发展政策时，到 2020 年人均 CO_2 排放量降至 1.85 千克/天，到 2030 年降至 1.70 千克/天，这主要是由于 VKT 较少。

在土地利用和交通政策情景下，2020 年交通 CO_2 排放总量比 TPT 情景降低 19.6%，2030 年比 TPT 情景降低 24.4%，公共交通产生的 CO_2 排放总量占总排放量的比例到 2030 年上升到 46.4%。然而，减少城市碳排放需要结合行为改变、城市规划、交通发展、其他技术措施和经济手段，如提高燃油使用效率和电动汽车使用，以及燃料/车辆税。当交通政策、紧凑型城市发展和车辆技术结合使用时（即组合政策），到 2020 年，人均 CO_2 排放量急剧下降至 1.48 千克/天，到 2030 年下降至 1.27 千克/天。在组合政策情景下，交通 CO_2 排放总量也会快速下降，2020 年比 TPT 情景降低 35.7%，而到 2030 年则降低 43.2%。政府应继续努力促进清洁车辆技术的发展和清洁燃料的使用。尽管交通政策、城市紧凑发展和车辆技术是重要的工具，但无法单独地大量减少人们日常出行产生的交通 CO_2 排放。缓解未来交通碳排放的最有效方法是综合考虑出行行为、城市规划和车辆技术。

二　未来研究

本节提出了一些未来的研究方向，可能有利于丰富交通和环境研究以及相关的学术知识。首先，尽管研究结果与北京城市相关，但本书所展示的更广泛的观点是，如何能够以可信的方式估算微观空间尺度的交通碳排放量，模拟发展中国家超大城市的交通出行。未来的研究可以将本书提出的自下而上的方法应用于其他大城市，对城市出行进行空间微观模拟，估算交通碳排放量，并进一步开发动态微观模拟系统。其次，虽然本书所关注的是交通 CO_2 排放量，但该方法也可用于估算与当地空气质量相关的其他污染物（如 CO、NOx、SO_2）的排放量，或预测未来交通拥堵可能更加严重的地方。

此外，基于交通 CO_2 排放的空间微观模拟，未来的研究可以在精细的空间尺度下动态地模拟空气质量和相关疾病负担的社会空间分布，以调查发展中国家环境和健康不平等的演变情况，而发展中国家空气污染水平比如颗粒物（PM10、PM2.5）是世界上最高的，对公众健康构成了非常重大的风险（Zhang et al.，2013）。未来的发展可以将地理环境公正研究与公共卫生研究联系起来，在微观空间尺度下估计疾病负担，特别是社会贫困群体的疾病负担，并评估环境和公共卫生政策的影响及效应，为政府改善环境和健康不平等现象提供科学依据和政策建议。

参考文献

柴彦威：《以单位为基础的中国城市内部生活空间结构——兰州市的实证研究》，《地理研究》1996年第1期。

姜洋、何东全、Zegras Christopher：《城市街区形态对居民出行能耗的影响研究》，《城市交通》2011年第4期。

刘志林、戴亦欣、董长贵、齐晔：《低碳城市理念与国际经验》，《城市发展研究》2009年第6期。

龙瀛、毛其智、杨东峰、王静文：《城市形态、交通能耗和环境影响集成的多智能体模型》，《地理学报》2011年第8期。

马静：《空间微观模拟方法及在城市研究中的应用》，《地理研究》2019年第5期。

马静、柴彦威、刘志林：《基于居民出行行为的北京市交通碳排放影响机理》，《地理学报》2011年第8期。

齐晔：《2010中国低碳发展报告》，科学出版社，2011。

赵敏、张卫国、俞立中：《上海市居民出行方式与城市交通 CO_2 排放及减排对策》，《环境科学研究》2009年第6期。

张君涛、梁生荣、丁丽芹：《车用清洁代用燃料及发展趋势》，《精细石油化工进展》2005年第4期。

中国城市科学研究会主编《中国低碳生态城市发展战略》，中国城市出版社，2009。

Ajanovic, A., and Haas, R., "The Role of Efficiency Improvements vs. Price Effects for Modeling Passenger Car Transport Demand and Energy

Demand-Lessons from European Countries," *Energy Policy* 41 (2012): 36-46.

American Planning Association, *Policy Guide on Smart Growth* (Chicago: APA, 2002).

Anable, J., Brand, C., Tran, M., and Eyre, N., "Modelling Transport Energy Demand: A Socio-Technical Approach," *Energy Policy* 41 (2012): 125-138.

Anderson, B., *Estimating Small Area Income Deprivation: An Iterative Proportional Fitting Approach* (Centre for Research in Economic Sociology and Innovation Working Paper 2011-02, University of Essex: Colchester, 2011).

Anderson, S., and West, S., "Open Space, Residential Property Values, and Spatial Context," *Regional Science and Urban Economics* 36 (2006): 773-789.

Anderson, W. P., Kanaroglou, P. S., and Miller, E. J., "Urban Form, Energy and the Environment: A Review of Issues, Evidence and Policy," *Urban Studies* 33 (1996): 7-35.

Bagley, M. N., and Mokhtarian, P. L., "The Impact of Residential Neighborhood Type on Travel Behavior: A Structural Equations Modeling Approach," *The Annals of Regional Science* 36 (2002): 279-297.

Ballas, D., and Clarke, G., "GIS and Microsimulation for Local Labour Market Analysis," *Computers, Environment and Urban Systems* 24 (2000): 305-330.

Ballas, D., and Clarke, G., "The Local Implications of Major Job Transformations in the City: A Spatial Microsimulation Approach," *Geographical Analysis* 33 (2001): 291-311.

Ballas, D., Clarke, G., Dorling, D., and Rossiter, D., "Using SimBritain to Model the Geographical Impact of National Government Policies,"

Geographical Analysis 39 (2007): 44 -77.

Ballas, D., Clarke, G., Dorling, D., Eyre, H., Thomas, B., and Rossiter, D., "SimBritain: A Spatial Microsimulation Approach to Population Dynamics," *Population, Space and Place* 11 (2005): 13 -34.

Ballas, D., Clarke, G., Dorling, D., Rigby, J., and Wheeler, B., "Using Geographical Information Systems and Spatial Microsimulation for the Analysis of Health Inequalities," *Health Informatics Journal* 12 (2006): 65 -79.

Bartholomew, K., and Ewing, R., "Land Use-Transportation Scenarios and Future Vehicle Travel and Land Consumption: A Meta-Analysis," *Journal of the American Planning Association* 75 (2009): 13 -27.

Beckman, R. J., Baggerly, K. A., and Mckay, M. D., "Creating Synthetic Baseline Populations," *Transportation Research Part A* 30 (1996): 415 -429.

Bhat, C., "An Analysis of Evening Commute Stop-Making Behavior Using Repeated Choice Observations from a Multi-Day Survey," *Transportation Research Part B* 33 (1999): 495 -510.

Bhat, C. R., and Singh, S. K., "A Comprehensive Daily Activity-Travel Generation Model System for Workers," *Transportation Research Part A* 34 (2000): 1 -22.

Bhat, C. R., Guo, J. Y., Srinivasan, S., and Sivakumar, A., "Comprehensive Econometric Microsimulator for Daily Activity-Travel Patterns," *Transportation Research Record: Journal of the Transportation Research Board* 1894 (2004): 57 -66.

Birkin, M., and Clarke, M., "Spatial Microsimulation Models: A Review and a Glimpse into the Future," *Population Dynamics and Projection Methods* 4 (2011): 193 -208.

Birkin, M., and Clarke, M., "Synthesis—A Synthetic Spatial Information System for Urban and Regional Analysis: Methods and Examples," *Environment and Planning A* 20 (1988): 1645 – 1671.

Birkin, M., and Clarke, M., "The Generation of Individual and Household Incomes at the Small Area Level Using Synthesis," *Regional Studies* 23 (1989): 535 – 548.

Boarnet, M. G., and Sarmiento, S., "Can Land-Use Policy Really Affect Travel Behaviour? A Study of the Link between Non-Work Travel and Land-Use Characteristics," *Urban Studies* 35 (1998): 1155 – 1169.

Boussauw, K., and Witlox, F., "Introducing a Commute-Energy Performance Index for Flanders," *Transportation Research Part A* 43 (2009): 580 – 591.

Brand, C., and Boardman, B., "Taming of the Few—The Unequal Distribution of Greenhouse Gas Emissions from Personal Travel in the UK," *Energy Policy* 36 (2008): 224 – 238.

Brand, C., and Preston, J. M., "'60 – 20 Emission' the Unequal Distribution of Greenhouse Gas Emissions from Personal, Non-Business Travel in the UK," *Transport Policy* 17 (2010): 9 – 19.

Brand, C., Tran, M., and Anable, J., "The UK Transport Carbon Model: An Integrated Life Cycle Approach to Explore Low Carbon Futures," *Energy Policy* 41 (2012): 107 – 124.

Bray, D., *Social Space and Governance in Urban China: The Danwei System from Origins to Reform* (Stanford: Stanford University Press, 2005).

Breheny, M., *Sustainable Development and Urban Form* (London: Pion, 1992).

Breheny, M., "Transport Planning, Energy and Development: Improving

Our Understanding of the Basic Relationships," in David Banister, ed., *Transport and Urban Development* (London: Routledge, 1995), pp. 89 – 95.

Breheny, M., "Urban Compaction: Feasible and Acceptable?" *Cities* 14 (1997): 209 – 217.

Brown, L., and Harding, A., "Social Modelling and Public Policy: Application of Microsimulation Modelling in Australia," *Journal of Artificial Societies and Social Simulation* 5 (2002): 6.

Brownstone, D., and Golob, T. F., "The Impact of Residential Density on Vehicle Usage and Energy Consumption," *Journal of Urban Economics* 65 (2009): 91 – 98.

Burton, E., "The Compact City: Just or Just Compact? A Preliminary Analysis," *Urban Studies* 37 (2000): 1969 – 2006.

Cai, B., Yang, W., Cao, D., Liu, L., Zhou, Y., and Zhang, Z., "Estimates of China's National and Regional Transport Sector CO_2 Emissions in 2007," *Energy Policy* 41 (2012): 474 – 483.

Cai, H., and Xie, S., "Estimation of Vehicular Emission Inventories in China from 1980 to 2005," *Atmospheric Environment* 41 (2007): 8963 – 8979.

Calthorpe, P., *The Next American Metropolis: Ecology, Community, and the American Dream* (Princeton Architectural Press, 1993).

Camagni, R., Gibelli, M. C., and Rigamonti, P., "Urban Mobility and Urban Form: The Social and Environmental Costs of Different Patterns of Urban Expansion," *Ecological Economics* 40 (2002): 199 – 216.

Cao, X., Handy, S. L., and Mokhtarian, P. L., "The Influences of the Built Environment and Residential Self-Selection on Pedestrian Behavior: Evidence from Austin, TX," *Transportation* 33 (2006): 1 – 20.

Cao, X., Mokhtarian, P. L., and Handy, S. L., "Do Changes in

Neighborhood Characteristics Lead to Changes in Travel Behavior? A Structural Equations Modeling Approach," *Transportation* 34 (2007): 535-556.

Cao, X. J., Mokhtarian, P. L., and Handy, S. L., "The Relationship between the Built Environment and Nonwork Travel: A Case Study of Northern California," *Transportation Research Part A* 43 (2009): 548-559.

Cervero, R., and Kockelman, K., "Travel Demand and the 3Ds: Density, Diversity, and Design," *Transportation Research Part D* 2 (1997): 199-219.

Cervero, R., and Murakami, J., "Effects of Built Environments on Vehicle Miles Traveled: Evidence from 370 US Urbanized Areas," *Environment and Planning A* 42 (2010): 400-418.

Cervero, R., and Seskin, S., "An Evaluation of the Relationships between Transit and Urban Form," TCRP Research Results Digest, 1995.

Cervero, R., "Traditional Neighborhoods and Commuting in the San Francisco Bay Area," *Transportation* 23 (1996): 373-394.

Chai, Y., "Space-Time Behavior Research in China: Recent Development and Future Prospect," *Annals of the Association of American Geographers* 103 (2013): 1093-1099.

Chapman, L., "Transport and Climate Change: A Review," *Journal of Transport Geography* 15 (2007): 354-367.

Chatman, D. G., "Residential Choice, the Built Environment, and Nonwork Travel: Evidence Using New Data and Methods," *Environment and Planning A* 41 (2009): 1072-1089.

Chen, C., and McKnight, C., "Does the Built Environment Make a Difference? Additional Evidence from the Daily Activity and Travel Behavior of Homemakers Living in New York City and Suburbs," *Journal of Transport*

Geography 15 (2007): 380 - 395.

Chen, C., Gong, H., and Paaswell, R., "Role of the Built Environment on Mode Choice Decisions: Additional Evidence on the Impact of Density," *Transportation* 35 (2008): 285 - 299.

Clarke, G. P., *Microsimulation for Urban and Regional Policy Analysis* (Pion London, 1996).

Crane, R., "On Form versus Function: Will the New Urbanism Reduce Traffic, or Increase It?" *Journal of Planning Education and Research* 15 (1996): 117 - 126.

Crane, R., "The Influence of Urban Form on Travel: An Interpretive Review," *Journal of Planning Literature* 15 (2000): 3 - 23.

Creutzig, F., and He, D., "Climate Change Mitigation and Co-Benefits of Feasible Transport Demand Policies in Beijing," *Transportation Research Part D* 14 (2009): 120 - 131.

Dahl, C. A., "Measuring Global Gasoline and Diesel Price and Income Elasticities," *Energy Policy* 41 (2012): 2 - 13.

Daniels, T., "Smart Growth: A New American Approach to Regional Planning," *Planning Practice and Research* 16 (2001): 271 - 279.

Darido, G., Torres-Montoya, M., and Mehndiratta, S., "Urban Transport and CO_2 Emissions: Some Evidence from Chinese Cities," *Wiley Interdisciplinary Reviews: Energy and Environment* 3 (2014): 122 - 155.

Department for Trade and Industry (DTI), *Energy White Paper: Our Energy Future-Creating a Low Carbon Economy* (London: The Stationary Office, 2003).

Dhakal, S., "Urban Energy Use and Carbon Emissions from Cities in China and Policy Implications," *Energy Policy* 37 (2009): 4208 - 4219.

Dieleman, F. M., Dijst, M., and Burghouwt, G., "Urban Form and Travel Behaviour: Micro-Level Household Attributes and Residential Context," *Urban Studies* 39 (2002): 507-527.

European Commission, "TREMOVE Transport Model," European Commission: EC-DG Environment, Brussels, 2006.

Ewing, R., and Cervero, R., "Travel and the Built Environment," *Journal of the American Planning Association* 76 (2010): 265-294.

Ewing, R., and Cervero, R., "Travel and the Built Environment: A Synthesis," *Transportation Research Record: Journal of the Transportation Research Board* 1780 (2001): 87-114.

Ewing, R., and Rong, F., "The Impact of Urban Form on US Residential Energy Use," *Housing Policy Debate* 19 (2008): 1-30.

Fan, Y., *The Built Environment, Activity Space, and Time Allocation: An Activity-Based Framework for Modeling the Land Use and Travel Connection* (The University of North Carolina at Chapel Hill, 2007).

Feng, Y. Y., Chen, S. Q., and Zhang, L. X., "System Dynamics Modeling for Urban Energy Consumption and CO_2 Emissions: A Case Study of Beijing, China," *Ecological Modelling* 252 (2013): 44-52.

Fernandez, J. E., "Resource Consumption of New Urban Construction in China," *Journal of Industrial Ecology* 11 (2007): 99-115.

Frank, L., Bradley, M., Kavage, S., Chapman, J., and Lawton, T. K., "Urban Form, Travel Time, and Cost Relationships with Tour Complexity and Mode Choice," *Transportation* 35 (2008): 37-54.

Frey, H., *Designing the City: Towards a More Sustainable Urban Form* (London: Taylor and Francis, 1999).

Geard, N., Mccaw, J. M., Dorin, A., Korb, K. B., and Mcvernon,

J. , "Synthetic Population Dynamics: A Model of Household Demography," *Journal of Artificial Societies and Social Simulation* 16 (2013): 8.

Glaeser, E. L. , and Kahn, M. E. , "The Greenness of Cities: Carbon Dioxide Emissions and Urban Development," *Journal of Urban Economics* 67 (2010): 404 - 418.

Goerlich, R. , and Wirl, F. , "Interdependencies between Transport Fuel Demand, Efficiency and Quality: An Application to Austria," *Energy Policy* 41 (2012): 47 - 58.

Gordon, P. , and Richardson, H. W. , "Gasoline Consumption and Cities: A Reply," *Journal of the American Planning Association* 55 (1989): 342 - 346.

Goulias, K. G. , "Forecasting the Impact of Sociodemographic Changes on Travel Demand: Experiments with a Dynamic Microsimulation Model System," University of California Transportation Center, University of California, 1992.

Grazi, F. , and van den Bergh, J. C. J. M. , "Spatial Organization, Transport, and Climate Change: Comparing Instruments of Spatial Planning and Policy," *Ecological Economics* 67 (2008): 630 - 639.

Grazi, F. , van den Bergh, J. C. J. M. , and van Ommeren, J. N. , "An Empirical Analysis of Urban Form, Transport, and Global Warming," *The Energy Journal* 29 (2008): 97 - 122.

Greene, D. L. , "Rebound 2007: Analysis of U. S. Light-Duty Vehicle Travel Statistics," *Energy Policy* 41 (2012): 14 - 28.

Guo, J. , and Bhat, C. R. , "Population Synthesis for Microsimulating Travel Behavior," *Transportation Research Record: Journal of the Transportation Research Board* 2014 (2007): 92 - 101.

Guo, J. , and Bhat, C. R. , "Representation and Analysis Plan and Data Needs Analysis for the Activity-Travel System," Center for Transportation

Research, University of Texas at Austin, 2001.

Guo, J., Liu, H., Jiang, Y., He, D., Wang, Q., Meng, F., and He, K., "Neighborhood Form and CO_2 Emission: Evidence from 23 Neighborhoods in Jinan, China," *Frontiers of Environmental Science and Engineering* 8 (2013): 1-10.

Hall, P., *Sustainable Cities or Town Cramming?* (London: Town and Country Planning Association, 1999).

Hamin, E. M., and Gurran, N., "Urban Form and Climate Change: Balancing Adaptation and Mitigation in the US and Australia," *Habitat International* 33 (2009): 238-245.

Handy, S., "Methodologies for Exploring the Link between Urban Form and Travel Behavior," *Transportation Research Part D* 1 (1996): 151-165.

Handy, S., "Smart Growth and the Transportation-Land Use Connection: What Does the Research Tell Us?" *International Regional Science Review* 28 (2005): 146-167.

Hankey, S., and Marshall, J. D., "Impacts of Urban Form on Future US Passenger-Vehicle Greenhouse Gas Emissions," *Energy Policy* 38 (2010): 4880-4887.

Hao, H., Wang, H., and Ouyang, M., "Comparison of Policies on Vehicle Ownership and Use between Beijing and Shanghai and Their Impacts on Fuel Consumption by Passenger Vehicles," *Energy Policy* 39 (2011): 1016-1021.

Hao, J., Hu, J., and Fu, L., "Controlling Vehicular Emissions in Beijing During the Last Decade," *Transportation Research Part A* 40 (2006): 639-651.

Harland, K., Heppenstall, A., Smith, D., and Birkin, M., "Creating Realistic Synthetic Populations at Varying Spatial Scales: A

Comparative Critique of Population Synthesis Techniques," *Journal of Artificial Societies and Social Simulation* 15 (2012): 1 –24.

He, D., Liu, H., He, K., Meng, F., Jiang, Y., Wang, M., Zhou, J., Calthorpe, P., Guo, J., Yao, Z., and Wang, Q., "Energy Use of, and CO_2 Emissions from China's Urban Passenger Transportation Sector-Carbon Mitigation Scenarios upon the Transportation Mode Choice," *Transportation Research Part A* 53 (2013): 53 –67.

He, K., Huo, H., Zhang, Q., He, D., An, F., Wang, M., and Walsh, M. P., "Oil Consumption and CO_2 Emissions in China's Road Transport: Current Status, Future Trends, and Policy Implications," *Energy Policy* 33 (2005): 1499 –1507.

Hensher, D. A., "Climate Change, Enhanced Greenhouse Gas Emissions and Passenger Transport-What Can We Do to Make a Difference?" *Transportation Research Part D* 13 (2008): 95 –111.

Hermes, K., and Poulsen, M., "A Review of Current Methods to Generate Synthetic Spatial Microdata Using Reweighting and Future Directions," *Computers, Environment and Urban Systems* 36 (2012): 281 –290.

Holden, E., and Norland, I. T., "Three Challenges for the Compact City As a sustainable Urban Form: Household Consumption of Energy and Transport in Eight Residential Areas in the Greater Oslo Region," *Urban Studies* 42 (2005): 2145 –2166.

Howard, B., Parshall, L., Thompson, J., Hammer, S., Dickinson, J., and Modi, V., "Spatial Distribution of Urban Building Energy Consumption by End Use," *Energy and Buildings* 45 (2012): 141 –151.

Hu, X., Chang, S., Li, J., and Qin, Y., "Energy for Sustainable Road Transportation in China: Challenges, Initiatives and Policy Implications,"

Energy 35 (2010): 4289 – 4301.

Hui, S., "Low Energy Building Design in High Density Urban Cities," *Renewable Energy* 24 (2001): 627 – 640.

Hunt, J. D., Kriger, D. S., and Miller, E., "Current Operational Urban Land-Use-Transport Modelling Frameworks: A Review," *Transport Reviews* 25 (2005): 329 – 376.

Huo, H., Zhang, Q., He, K., Yao, Z., and Wang, M., "Vehicle-Use Intensity in China: Current Status and Future Trend," *Energy Policy* 43 (2012): 6 – 16.

IEA, *Transport, Energy and CO_2: Moving toward Sustainability* (Paris, 2009).

IEA, *World Energy Outlook 2006* (Paris: IEA, 2006).

IPCC, *Climate Change 2001—Impacts, Adaptation, and Vulnerability. Contribution of Working Group II to the Third Assessment Report of the Intergovernmental Panel on Climate Change* (Cambridge: Cambridge University Press, 2001), pp. 1 – 17.

IPCC, *Climate Change 2007—Synthesis Report: Contribution of Working Groups I II and III to the Fourth Assessment Report of the Intergovernmental Panel on Climate Change* (Geneva, Switzerland, 2007).

IPCC, "Summary for Policymakers," in *Climate Change 2013—The Physical Science Basis: Contribution of Working Group I to the Fifth Assessment Report of the Intergovernmental Panel on Climate Change* (Cambridge: Cambridge University Press, 2013), pp. 1 – 30.

Jaroszweski, D., Chapman, L., and Petts, J., "Assessing the Potential Impact of Climate Change on Transportation: The Need for an Interdisciplinary Approach," *Journal of Transport Geography* 18 (2010): 331 – 335.

Jenks, M., Burton, E., and Williams, K., *The Compact City: A*

Sustainable Urban Form? (London: Routledge, 1996).

Jo, H. K., and McPherson, G. E., "Carbon Storage and Flux in Urban Residential Greenspace," *Journal of Environmental Management* 45 (1995): 109 - 133.

Jo, J., Golden, J., and Shin, S., "Incorporating Built Environment Factors into Climate Change Mitigation Strategies for Seoul, South Korea: A Sustainable Urban Systems Framework," *Habitat International* 33 (2009): 267 - 275.

Katz, P., *The New Urbanism: Toward an Architecture of Community* (McGraw-Hill Professional, 1994).

Kenworthy, J. R., "The Eco-City: Ten Key Transport and Planning Dimensions for Sustainable City Development," *Environment and Urbanization* 18 (2006): 67 - 85.

Khattak, A. J., and Rodriguez, D., "Travel Behavior in Neo-Traditional Neighborhood Developments: A Case Study in USA," *Transportation Research Part A* 39 (2005): 481 - 500.

Kitamura, R., Chen, C., Pendyala, R. M., and Narayanan, R., "Micro-Simulation of Daily Activity-Travel Patterns for Travel Demand Forecasting," *Transportation* 27 (2000): 25 - 51.

Kitamura, R., Mokhtarian, P. L., and Laidet, L., "A Micro-Analysis of Land Use and Travel in Five Neighborhoods in the San Francisco Bay Area," *Transportation* 24 (1997): 125 - 158.

Knudsen, D. C., and Fotheringham, A. S., "Matrix Comparison, Goodness-of-Fit, and Spatial Interaction Modeling," *International Regional Science Review* 10 (1986): 127 - 147.

Krizek, K. J., "Neighborhood Services, Trip Purpose, and Tour-Based

Travel," *Transportation* 30 (2003): 387 –410.

Labriet, M., Loulou, R., and Kanudia, A., "Global Energy and CO_2 Emission Scenarios: Analysis with a 15-Region World MARKAL Model," *The Coupling of Climate and Economic Dynamics* 22 (2005): 205 –235.

Lee, S., Lee, Y. H., and Park, J. H., "Estimating Price and Service Elasticity of Urban Transportation Demand with Stated Preference Technique: Case in Korea," *Transportation Research Record: Journal of the Transportation Research Board* 1839 (2003): 167 –172.

Lee, Y., Washington, S., and Frank, L. D., "Examination of Relationships between Urban Form, Household Activities, and Time Allocation in the Atlanta Metropolitan Region," *Transportation Research Part A* 43 (2009): 360 –373.

Lefèvre, B., "Long-Term Energy Consumptions of Urban Transportation: A Prospective Simulation of 'Transport-Land Uses' Policies in Bangalore," *Energy Policy* 37 (2009): 940 –953.

Li, L., Chen, C., Xie, S., Huang, C., Cheng, Z., Wang, H., Wang, Y., Huang, H., Lu, J., and Dhakal, S., "Energy Demand and Carbon Emissions under Different Development Scenarios for Shanghai, China," *Energy Policy* 38 (2010): 4797 –4807.

Limanond, T., and Niemeier, D. A., "Effect of Land Use on Decisions of Shopping Tour Generation: A Case Study of Three Traditional Neighborhoods in WA," *Transportation* 31 (2004): 153 –181.

Liu, C., and Shen, Q., "An Empirical Analysis of the Influence of Urban Form on Household Travel and Energy Consumption," *Computers, Environment and Urban Systems* 35 (2011): 347 –357.

Liu, J., Wang, R., and Yang, J., "A Scenario Analysis of Beijing's

Private Traffic Patterns," *Journal of Cleaner Production* 15 (2007): 550 - 556.

Long, J. S., and Freese, J., *Regression Models for Categorical Dependent Variables Using Stata* (Texas: Stata Press, 2001).

Long, Y., and Shen, Z., "Disaggregating Heterogeneous Agent Attributes and Location," *Computers, Environment and Urban Systems* 42 (2013): 14 - 25.

Loulou, R., and Labriet, M., "ETSAP-TIAM: The TIMES Integrated Assessment Model Part I: Model Structure," *Computational Management Science* 5 (2008): 7 - 40.

Lovelace, R., and Ballas, D., "'Truncate, Replicate, Sample': A Method for Creating Integer Weights for Spatial Microsimulation," *Computers, Environment and Urban Systems* 41 (2013): 1 - 11.

Lovelace, R., Ballas, D., and Watson, M., "A Spatial Microsimulation Approach for the Analysis of Commuter Patterns: From Individual to Regional Levels," *Journal of Transport Geography* 34 (2014): 282 - 296.

Lu, X., and Pas, E., "Socio-Demographics, Activity Participation and Travel Behavior," *Transportation Research Part A* 33 (1999): 1 - 18.

Ma, H., Hadden-Loh, T., Yang, X., Sun, Z., and Shi, Q., "Evolution and Effect of Transportation Policy on Public Transit: Lessons from Beijing," *Transportation Research Record: Journal of the Transportation Research Board* 2063 (2008): 176 - 182.

Ma, J., Heppenstall, A., Harland, K., and Mitchell, G., "Synthesising Carbon Emission for Mega-Cities: A Static Spatial Microsimulation of Transport CO_2 from Urban Travel in Beijing," *Computers, Environment and Urban Systems* 45 (2014a): 78 - 88.

Ma, J., Liu, Z. L., and Chai, Y. W., "The Impact of Urban Form on CO_2 Emission from Work and Non-Work Trips: The Case of Beijing, China," *Habitat International* 47 (2015a): 1 – 10.

Ma, J., Mitchell, G., and Heppenstall, A., "Daily Travel Behaviour in Beijing, China: An Analysis of Workers' Trip Chains, and the Role of Socio-Demographics and Urban Form," *Habitat International* 43 (2014b): 263 – 273.

Ma, J., Mitchell, G., and Heppenstall, A., "Exploring Transport Carbon Futures Using Population Microsimulation and Travel Diaries: Beijing to 2030," *Transportation Research Part D: Transport and Environment* 37 (2015b): 108 – 122.

Maat, K., and Timmermans, H., "Influence of Land Use on Tour Complexity: A Dutch Case," *Transportation Research Record* 1977 (2006): 234 – 241.

Mannion, O., Lay-Yee, R., Wrapson, W., Davis, P., and Pearson, J., "JAMSIM: A Microsimulation Modelling Policy Tool," *Journal of Artificial Societies and Social Simulation* 15 (2012): 8.

Matiaske, W., Menges, R., and Spiess, M., "Modifying the Rebound: It Depends! Explaining Mobility Behavior on the Basis of the German Socio-Economic Panel," *Energy Policy* 41 (2012): 29 – 35.

McFadden, D., *Conditional Logit Analysis of Qualitative Choice Behavior.* (Berkeley: University of California, Institute of Urban Regional Development, 1973).

McGuckin, N., and Murakami, E., "Examining Trip-Chaining Behavior: Comparison of Travel by Men and Women," *Transportation Research Record* 1693 (1999): 79 – 85.

Merz, J., "Microsimulation—A Survey of Principles, Developments and Applications," *International Journal of Forecasting* 7 (1991): 77 – 104.

Miller, E. J., and Roorda, M. J., "Prototype Model of Household Activity-Travel Scheduling," *Transportation Research Record: Journal of the Transportation Research Board* 1831 (2003): 114-121.

Miller, E. J., Hunt, J. D., Abraham, J. E., and Salvini, P., "Microsimulating Urban Systems," *Computers Environment and Urban Systems* 28 (2004): 9-44.

Mitchell, G., Hargreaves, A., Namdeo, A., and Echenique, M., "Land Use, Transport, and Carbon Futures: The Impact of Spatial Form Strategies in Three UK Urban Regions," *Environment and Planning A* 43 (2011): 2143-2163.

Mitchell, G., "Urban Development, Form and Energy Use in Buildings: A Review for the Solutions Project," EPSRC SUE Solutions Consortium, 2005.

Mokhtarian, P. L., and Cao, X., "Examining the Impacts of Residential Self-Selection on Travel Behavior: A Focus on Methodologies," *Transportation Research Part B* 42 (2008): 204-228.

Neuman, M., "The Compact City Fallacy," *Journal of Planning Education and Research* 25 (2005): 11-26.

Newman, P. W. G., and Kenworthy, J. R., "Gasoline Consumption and Cities: A Comparison of US Cities with a Global Survey," *Journal of the American Planning Association* 55 (1989): 24-37.

Noland, R. B., and Thomas, J. V., "Multivariate Analysis of Trip-Chaining Behavior," *Environment and Planning B* 34 (2007): 953-970.

Norman, J., Maclean, H. L., and Kennedy, C. A., "Comparing High and Low Residential Density: Life-Cycle Analysis of Energy Use and Greenhouse Gas Emissions," *Journal of Urban Planning and Development* 132 (2006): 10-21.

Norman, P., "Putting Iterative Proportional Fitting on the Researcher's Desk," School of Geography, Working Paper, 1999.

Noth, M., Borning, A., and Waddell, P., "An Extensible, Modular Architecture for Simulating Urban Development, Transportation, and Environmental Impacts," *Computers, Environment and Urban Systems* 27 (2003): 181 - 203.

Oltra, V., and Jean, M. S., "Variety of Technological Trajectories in Low Emission Vehicles (LEVs): A Patent Data Analysis," *Journal of Cleaner Production* 17 (2009): 201 - 213.

Orcutt, G. H., "A New Type of Socio-Economic System," *The Review of Economics and Statistics* 39 (1957): 116 - 123.

Ou, X., Zhang, X., and Chang, S., "Scenario Analysis on Alternative Fuel/Vehicle for China's Future Road Transport: Life-Cycle Energy Demand and GHG Emissions," *Energy Policy* 38 (2010): 3943 - 3956.

Owens, S., "Energy, Environmental Sustainability and Land-Use Planning," in M. Breheny, ed., *Sustainable Development and Urban Form* (London: Pion, 1992a), pp. 79 - 105.

Owens, S., "Land-Use Planning for Energy Efficiency," *Applied Energy* 43 (1992b): 81 - 114.

Owens, S., "Spatial Structure and Energy Demand," Energy Policy and Land Use Planning, 1984.

Pan, H., Shen, Q., and Zhang, M., "Influence of Urban Form on Travel Behaviour in Four Neighbourhoods of Shanghai," *Urban Studies* 46 (2009): 275 - 294.

Parliament, U., *Climate Change Act 2008* (London: The Stationery Office Limited, 2008).

Pinjari, A., Eluru, N., Srinivasan, S., Guo, J. Y., Copperman, R., Sener, I. N., and Bhat, C. R., "CEMDAP: Modeling and Microsimulation Frameworks, Software Development, and Verification," Transportation Research Board 87th Annual Meeting, 2008.

Porter, M., *Competitive Advantage: Creating and Sustaining Superior Performance* (London: Free Press, 1985).

Poudenx, P., "The Effect of Transportation Policies on Energy Consumption and Greenhouse Gas Emission from Urban Passenger Transportation," *Transportation Research Part A* 42 (2008): 901-909.

Pucher, J., Peng, Z. R., Mittal, N., Zhu, Y., and Korattyswaroopam, N., "Urban Transport Trends and Policies in China and India: Impacts of Rapid Economic Growth," *Transport Reviews* 27 (2007): 379-410.

Qin, B., and Han, S. S., "Planning Parameters and Household Carbon Emission: Evidence From High-and low-Carbon Neighborhoods in Beijing," *Habitat International* 37 (2013a): 52-60.

Qin, B., and Han, S. S., "Emerging Polycentricity in Beijing: Evidence from Housing Price Variations, 2001-05," *Urban Studies* 50 (2013b): 2006-2023.

Rakowski, F., Gruziel, M., Krych, M., and Radomski, J. P., "Large Scale Daily Contacts and Mobility Model—An Individual-Based Countrywide Simulation Study for Poland," *Journal of Artificial Societies and Social Simulation* 13 (2010): 13.

Ratti, C., Baker, N., and Steemers, K., "Energy Consumption and Urban Texture," *Energy and Buildings* 37 (2005): 762-776.

Rickwood, P., Glazebrook, G., and Searle, G., "Urban Structure and Energy-A Review," *Urban Policy and Research* 26 (2008): 57 - 81.

Rogers, R. G., *Towards an Urban Renaissance* (London: Routledge, 1999).

Schwanen, T., Dieleman, F. M., and Dijst, M., "Travel Behaviour in Dutch Monocentric and Policentric Urban Systems," *Journal of Transport Geograph* 9 (2001): 173 - 186.

Schwanen, T., Dijst, M., and Dieleman, F. M., "Policies for Urban Form and Their Impact on Travel: The Netherlands Experience," *Urban Studies* 41 (2004): 579 - 603.

Small, K. A., "A Discrete Choice Model for Ordered Alternatives," *Econometrica: Journal of the Econometric Society* 55 (1987): 409 - 424.

Smith, D. M., Clarke, G. P., and Harland, K., "Improving the Synthetic Data Generation Process in Spatial Microsimulation Models," *Environment and Planning A* 41 (2009): 1251 - 1268.

Stead, D., and Marshall, S., "The Relationships between Urban Form and Travel Patterns: An International Review and Evaluation," *EJTIR* 1 (2001): 113 - 141.

Steemers, K., "Energy and the City: Density, Buildings and Transport," *Energy and Buildings* 35 (2003): 3 - 14.

Stern, N. H., *The Economics of Climate Change: The Stern Review* (Cambridge: Cambridge University Press, 2007).

Sterner, T., "Distributional Effects of Taxing Transport Fuel," *Energy Policy* 41 (2012): 75 - 83.

Swan, L. G., and Ugursal, V. I., "Modeling of End-Use Energy Consumption in the Residential Sector: A Review of Modeling Techniques," *Renewable and Sustainable Energy Reviews* 13 (2009): 1819 - 1835.

Tahara, K., Sagisaka, M., Ozawa, T., Yamaguchi, K., and Inaba, A., "Comparison of 'CO$_2$ Efficiency' between Company and Industry," *Journal of Cleaner Production* 13 (2005): 1301 – 1308.

Timilsina, G. R., and Shrestha, A., "Transport Sector CO$_2$ Emissions Growth in Asia: Underlying Factors and Policy Options," *Energy Policy* 37 (2009): 4523 – 4539.

Transportation Research Board, "Smart Growth and Transportation: Issues and Lessons Learned: Report of a Conference," Baltimore, Maryland, 2005.

Troy, P., Holloway, D., Pullen, S., and Bunker, R., "Embodied and Operational Energy Consumption in the City," *Urban Policy and Research* 21 (2003): 9 – 44.

United Nations, *World Urbanization Prospects: The 2001 Revision* (Department of Economic and Social Affairs, 2002).

United Nations, *World Urbanization Prospects: The 2007 Revision* (United Nations: New York, 2008).

Veldhuisen, J., Kapoen, L., and Timmermans, H., "RAMBLAS: A Regional Planning Model Based on the Microsimulation of Daily Activity Travel Patterns," *Environment and Planning A* 32 (2000): 427 – 444.

Voas, D., and Williamson, P., "An Evaluation of the Combinatorial Optimisation Approach to the Creation of Synthetic Microdata," *International Journal of Population Geography* 6 (2000): 349 – 366.

Vovsha, P., Petersen, E., and Donnelly, R., "Microsimulation in Travel Demand Modeling: Lessons Learned from the New York Best Practice Model," *Transportation Research Record: Journal of the Transportation Research Board* 1805 (2002): 68 – 77.

Waddell, P., Borning, A., Noth, M., Freier, N., Becke, M.,

and Ulfarsson, G., "UrbanSim: A Simulation System for Land Use and Transportation," *Networks and Spatial Economics* 3 (2003).

Waddell, P., Wang, L., Charlton, B., and Olsen, A., "Microsimulating Parcel-Level Land Use and Activity-Based Travel: Development of a Prototype Application in San Francisco," *Journal of Transport and Land Use* 3 (2010): 65 - 84.

Waddell, P., "A Behavioral Simulation Model for Metropolitan Policy Analysis and Planning: Residential Location and Housing Market Components of UrbanSim," *Environment and Planning B* 27 (2000): 247 - 264.

Waddell, P., "Modeling Urban Development for Land Use, Transportation, and Environmental Planning," *Journal of the American Planning Association* 68 (2002): 297 - 314.

Wagner, D. V., An, F., and Wang, C., "Structure and Impacts of Fuel Economy Standards for Passenger Cars in China," *Energy Policy* 37 (2009): 3803 - 3811.

Wallace, B., Barnes, J., and Rutherford, G. S., "Evaluating the Effects of Traveler and Trip Characteristics on Trip Chaining, with Implications for Transportation Demand Management Strategies," *Transportation Research Record* 1718 (2000): 97 - 106.

Wang, D., and Chai, Y., "The Jobs-Housing Relationship and Commuting in Beijing, China: The Legacy of Danwei," *Journal of Transport Geography* 17 (2009): 30 - 38.

Wang, D., Chai, Y., and Li, F., "Built Environment Diversities and Activity-Travel Behaviour Variations in Beijing, China," *Journal of Transport Geography* 19 (2011a): 1173 - 1186.

Wang, E., Song, J., and Xu, T., "From 'Spatial Bond' to 'Spatial

Mismatch': An Assessment of Changing Jobs-housing Relationship in Beijing," *Habitat International* 35 (2011b): 398 – 409.

Wang, Z., Jin, Y., Wang, M., and Wei, W., "New Fuel Consumption Standards for Chinese Passenger Vehicles and Their Effects on Reductions of Oil Use and CO_2 Emissions of the Chinese Passenger Vehicle Fleet," *Energy Policy* 38 (2010): 5242 – 5250.

Wee-Kean, F., Matsumoto, H., and Chin-Siong, H., "Energy Consumption and Carbon Dioxide Emission Considerations in the Urban Planning Process in Malaysia," *Journal of the Malaysian Institute of Planners* 6 (2008): 101 – 130.

Weisz, H., and Steinberger, J. K., "Reducing Energy and Material Flows in Cities," *Current Opinion in Environmental Sustainability* 2 (2010): 185 – 192.

Wen, C. H., and Koppelman, F. S., "A Conceptual and Methdological Framework for the Generation of Activity-Travel Patterns," *Transportation* 27 (2000): 5 – 23.

Williams, K., Burton, E., and Jenks, M., *Achieving Sustainable Urban Form* (Spon Press, 2000).

Williamson, P., Birkin, M., and Rees, P., "The Estimation of Population Microdata by Using Data from Small Area Statistics and Samples of Anonymised Records," *Environment and Planning A* 30 (1998): 785 – 816.

World Bank, *Cities and Climate Change: An Urgent Agenda* (The International Bank for Reconstruction and Development/The World Bank, Washington, D. C., 2010).

Wright, A., "What Is the Relationship between Built Form and Energy Use in Dwellings?" *Energy Policy* 36 (2008): 4544 – 4547.

Wright, L., and Fulton, L., "Climate Change Mitigation and Transport in Developing Nations," *Transport Reviews* 25 (2005): 691 –717.

Wu, B., Birkin, M., and Rees, P., "A Spatial Microsimulation Model with Student Agents," *Computers, Environment and Urban Systems* 32 (2008): 440 –453.

Wu, Y., Wang, R., Zhou, Y., Lin, B., Fu, L., He, K., and Hao, J., "On-Road Vehicle Emission Control in Beijing: Past, Present, and Future," *Environmental Science and Technology* 45 (2011): 147 –153.

Xu, M., Ceder, A., Gao, Z., and Guan, W., "Mass Transit Systems of Beijing: Governance Evolution and Analysis," *Transportation* 37 (2010): 709 –729.

Yagi, S., and Mohammadian, A. K., "An Activity-Based Microsimulation Model of Travel Demand in the Jakarta Metropolitan Area," *Journal of Choice Modelling* 3 (2010): 32 –57.

Yan, X., and Crookes, R. J., "Energy Demand and Emissions from Road Transportation Vehicles in China," *Progress in Energy and Combustion Science* 36 (2010): 651 –676.

Yan, X., and Crookes, R. J., "Reduction Potentials of Energy Demand and GHG Emissions in China's Road Transport Sector," *Energy Policy* 37 (2009): 658 –668.

Yang, J., "Transportation Implications of Land Development in a Transitional Economy: Evidence from Housing Relocation in Beijing," *Transportation Research Record* 1954 (2006): 7 –14.

Yang, M., Wang, W., Chen, X., Wan, T., and Xu, R., "Empirical Analysis of Commute Trip Chaining: Case Study of Shangyu, China," *Transportation Research Record* 2038 (2007): 139 –147.

Ye, L., Mandpe, S., and Meyer, P. B., "What Is 'Smart

Growth?' —Really?" *Journal of Planning Literature* 19 (2005): 301-315.

Yuan, X., Ji, X., Chen, H., Chen, B., and Chen, G., "Urban Dynamics and Multiple-Objective Case Study of Beijing," *Communications in Nonlinear Science and Numerical Simulation* 13 (2008): 1998-2017.

Zhang, A., Qi, Q., Jiang, L., Zhou, F., and Wang, J., "Population Exposure to $PM_{2.5}$ in the Urban Area of Beijing," *PLoS One* 8 (2013): e63486.

Zhao, P., and Lu, B., "Managing Urban Growth to Reduce Motorised Travel in Beijing: One Method of Creating a Low-Carbon City," *Journal of Environmental Planning and Management* 54 (2011): 959-977.

Zhao, P., Lu, B., and Roo, G., "Impact of the Jobs-housing Balance on Urban Commuting in Beijing in the Transformation Era," *Journal of Transport Geography* 19 (2011): 59-69.

Zhao, P., Lu, B., and Roo, G., "Urban Expansion and Transportation: The Impact of Urban Form on Commuting Patterns on the City Fringe of Beijing," *Environment and Planning A* 42 (2010): 2467-2486.

Zhao, P., "Sustainable Urban Expansion and Transportation in a Growing Megacity: Consequences of Urban Sprawl for Mobility on the Urban Fringe of Beijing," *Habitat International* 34 (2010): 236-243.

Zhou, S., Wu, Z., and Cheng, L., "The Impact of Spatial Mismatch on Residents in Low-Income Housing Neighbourhoods: A Study of the Guangzhou Metropolis, China," *Urban Studies* 50 (2013): 1817-1835.

Zhou, Y., and Ma, L. J. C., "Economic Restructuring and Suburbanization in China," *Urban Geography* 21 (2000): 205-236.

图书在版编目（CIP）数据

城市形态与交通出行碳排放：微观分析与动态模拟 / 马静著．-- 北京：社会科学文献出版社，2022.8

ISBN 978 - 7 - 5228 - 0313 - 5

Ⅰ．①城…　Ⅱ．①马…　Ⅲ．①城市规划 - 研究 - 北京 ②城市交通运输 - 二氧化碳 - 排气 - 研究 - 北京　Ⅳ．①TU984.21 ②F572.881

中国版本图书馆 CIP 数据核字（2022）第 109766 号

城市形态与交通出行碳排放：微观分析与动态模拟

著　　者 / 马　静

出 版 人 / 王利民
责任编辑 / 高明秀
文稿编辑 / 陈丽丽
责任印制 / 王京美

出　　版 / 社会科学文献出版社（010）59367078
地址：北京市北三环中路甲 29 号院华龙大厦　邮编：100029
网址：www.ssap.com.cn
发　　行 / 社会科学文献出版社（010）59367028
印　　装 / 三河市龙林印务有限公司

规　　格 / 开　本：787mm × 1092mm　1/16
印　张：13.25　字　数：171 千字
版　　次 / 2022 年 8 月第 1 版　2022 年 8 月第 1 次印刷
书　　号 / ISBN 978 - 7 - 5228 - 0313 - 5
定　　价 / 98.00 元

读者服务电话：4008918866